科学不再可怕

大气何以如此污浊

大气环境恶化

燕 子 主编

哈爾濱工業大學出版社
HITP HARBIN INSTITUTE OF TECHNOLOGY PRESS

图书在版编目(CIP)数据

大气何以如此污浊：大气环境恶化. / 燕子主编. -- 哈尔滨：哈尔滨工业大学出版社，2017.6
（科学不再可怕）
ISBN 978-7-5603-6291-5

Ⅰ. ①大… Ⅱ. ①燕… Ⅲ. ①空气污染 - 儿童读物 Ⅳ. ①X51-49

中国版本图书馆 CIP 数据核字（2016）第 270715 号

科学不再可怕

大气何以如此污浊——大气环境恶化

策划编辑　甄淼淼
责任编辑　王晓丹
文字编辑　张　萍　白　翎
装帧设计　麦田图文
美术设计　Suvi zhao　蓝图
出版发行　哈尔滨工业大学出版社
社　　址　哈尔滨市南岗区复华四道街 10 号　邮编 150006
传　　真　0451-86414049
网　　址　http://hitpress.hit.edu.cn
印　　刷　哈尔滨市石桥印务有限公司
开　　本　710mm × 1000mm　1/16　印张 10　字数 103 千字
版　　次　2017 年 6 月第 1 版　2017 年 6 月第 1 次印刷
书　　号　ISBN 978-7-5603-6291-5
定　　价　28.80元

引言

面对日渐猖獗的雾霾，我们不禁要问：这空气到底是怎么了？

如果说水是生命之源，那我们该如何称呼空气呢？不必细想，我们也会知道，人如果一天不喝水，绝对能挺得住，但是倘若几分钟不呼吸，恐怕就会有生命危险了。

大气的污染不仅对人的呼吸造成了威胁，还会使人生病，甚至致人死亡。

不是卡克鲁亚博士在这里危言耸听，要知道地球上的所有生命，可都是暴露在大气中的。

迄今为止，已经发生了许多大气污染使人生病，甚至致人死亡的事件，如马斯河谷事件、多诺拉烟雾事件、洛杉矶光化学烟雾事件……

那么，空气到底是什么？究竟是什么使空气变得如此污浊？我们到底有没有办法消除这些污染呢？空气和大气到底有什么关系？

想知道这些吗？那就请跟随卡克鲁亚博士的脚步，一起从庞贝古城的兴亡开始，踏上我们对大气的探寻之旅，让我们一起来看看大气到底是怎么一回事儿吧！

火山之威

火山真相

自然生成的大气污染

目录

目录

给大气添“佐料”的人类

别小瞧身边那点事

有法可依

目录

地球只有一个，

请爱护我们的绿色家园。

火山之威

在意大利那不勒斯西南的米赛诺岬和坎帕内拉角之间，有一个美丽的半圆形海湾——那不勒斯海湾，在这个海湾附近，有一个闻名世界的旅游胜地——庞贝。

让庞贝如此著名的原因，竟然是两千年前的一场灾难。提到这场灾难，就不得不提到维苏威火山。

庞贝之谜

重见天日

1748 年的春天，在意大利那不勒斯海湾附近的一座葡萄园里，农民安德烈同往常一样，在自己的园子里劳作着。然而正在挖地的安德烈却没有想到，在他看来和往常的日子没有任何区别的一天，却有一个掩藏在地下一千多年的古城即将重见天日。

当安德烈再次高举锄头刨向土地的时候，只听“哐啷”一声，仿佛是锄头碰到了一块巨石。安德烈并没有在意，只是想把锄头拔出来，可是他努力了半天，也没能拔出锄头。于是他叫弟弟和弟妹前来帮忙。

当大家七手八脚地扒开泥土和石块时，发现锄头竟然凿在了一只金属箱子上。吃惊的人们赶紧把这只箱子挖出来，打开一看，竟然是一大堆熔化和半熔化的金银首饰以及古代钱币。

“宝箱”的出现，让这里的人们想起了祖祖辈辈流传的关于一个城市神秘失踪的传说。对这种事情一向嗅觉灵敏的盗宝贼蜂拥而至，随后也来了一些历史学家和考古专家对这一新发现展开研究。直到 1876 年，意大利政府才在专家的建议下，开始组织科学家进行有序的挖掘工作。

经过一百多年，七八代专家持续的辛苦工作，以及几千名工作人员日夜不停的维护，一座消失的古城终于重新展现在世人面前。

有人还在睡梦中就已死去，有人倒在大街上高举双臂大口喘气，烤炉里还放着没有取出来的面包，狗依旧拴在门

边的链子上，奴隶们的身上还有绳索，甚至祭台上还绑着一名年轻的男性。

所有呈现出来的景象无不表现出，就在这个地方消失的前一刻，人们仍然进行着每日的正常生活，然而一股突如其来的巨大力量，瞬间将整个城市和毫无准备的人们掩埋在地下，他们从这个世界上消失了。

这个从地下现身的城市就是古罗马的著名城市——庞贝。

昔日的辉煌

庞贝，也被译作庞培，得名于古罗马著名的政治家和军事家格奈乌斯·庞培。

庞贝的历史可以追溯到公元前600多年，但那个时候，这里还仅仅是个以农业和渔业生产为主，依海而建的小集市。然而一切都随着庞贝被纳入强大的罗马帝国而迅速改变。向北300千米就是罗马城，西面和西西里岛相接，向南可通希腊和北非的地理优势使庞贝迅速崛起，成为在当时仅次于古罗马的第二大城市。

这里商贾云集，促进了城市的经济发展，随之而来的就是城市的建设。许多宏伟的建筑和精美的雕刻陆续被建造起来。

当时的庞贝城内建有巨大的斗兽场和气势恢宏的大剧院，除此之外，还有太阳神庙以及各种奇异的蒸气浴室。众多的商铺和豪华的娱乐场所吸引着来自地中海周边国家和城邦的富商和贵族前来消费娱乐。

城北的维苏威火山因多次喷发而带来的岩浆土和火山石形成

的肥沃土地，让庞贝出产的葡萄又大又甜，用其酿造的葡萄酒是绝佳的上品，贵族争相抢购。火山地热形成的温泉，为建造浴场提供了便利条件。温泉、美酒，加上城里连片的娱乐场所，吸引大量有钱人慕名而来，流连其中。更有一些贵族和富商，干脆在这里建造自己的花园和别墅，然后就地经商，更加推动了庞贝的经济发展，使其成为繁华之地。

那么曾经的庞贝到底有多么繁华呢？

后来出土的庞贝古城面积有 1.8 平方千米，仅城门就有 7 扇。城内的 4 条呈“井”字形的大街的主街宽度达 7 米，都是用石板铺成，而且为确保不会因为暴雨发生积水现象，沿街都修有排水沟。从方便生活的角度看，2 000 多年前的庞贝，已经很先进了。

在庞贝城西南部的一个长方形广场的四周，集中了城里最宏伟的建筑物。广场周围设有神庙、公共市场、市政中心大会堂等重要建筑物，是庞贝的政治、经济和宗教中心。城里还设有体育馆，剧场就有大小两座，还有能容纳上万人的圆形竞技场。街上到处是雕花石砌的水池。

在被挖掘出来的庞贝城里，还保留下来大量的壁画。从石板镶嵌出来的镶嵌风格到通过透视法改变室内空间感的建筑风格，都颇具梦幻效果。而平实的埃及风格和与欧洲所流行的巴洛克风格相似的风格，更是让这些美轮美奂的壁画呈现出富丽堂皇的景象。

众多庞贝出土的壁画，以它们的千姿百态向后人展示着庞贝曾经的辉煌。

公元 79 年 8 月的一天，庞贝城里的人们一如既往地生活着，

卡克鲁亚笔记

格奈乌斯·庞培出生于公元前106年，是古罗马的政治家和军事家，在苏拉统治期间的多次战役中屡获战功。苏拉隐退后，他和恺撒以及克拉苏组成了政治同盟，后来因和恺撒的权力争斗，引发了内战，并在战败后退至埃及，在那里遭人杀害。

让他们没有想到的是，末日正在悄悄降临。在完全出乎人们预料的情况下，维苏威火山突然爆发，熊熊火焰照亮了大地，岩浆裹挟着碎石滚滚而下，到处弥漫着火山灰。在很短的时间里，这座辉煌的古城就被掩埋在地下，直到17个世纪后，才终于重见天日。

灾难过后，古罗马人发现，过去的几十万顷林场和草场，还有那繁华的庞贝城都不见了，只有冷却后的火山岩浆所形成的一条条宛如河流的长长的焦土地带。没有人，没有牲畜，连一点儿生命的迹象都没有了。

维苏威火山

维苏威火山是一座活火山，位于意大利南部的那不勒斯海湾附近，距离意大利的第三大城市那不勒斯 20 千米。1980 年，该火山锥高 1 280 米。每次大喷发后，火山的高度都会有所变化，也算是火山的一大特点吧！

维苏威火山地处欧亚板块、印度洋板块以及非洲板块边缘，在这些板块的漂移和相互碰撞挤压的作用下，在 2.5 万年前爆发形成。那时的欧洲正处于冰河时期，气候干冷、林木稀少，土地也很贫瘠，但随着气候转暖，沉积的火山灰使土地变得肥沃，火山周围成为植被茂盛的富庶之地。

历史上，维苏威火山喷发过很多次，最近一次是在 1944 年。这座火山也是欧洲大陆唯一的一座在近百年内有过喷发历史的

火山。

通过对年份数字的对比，我们可以发现，这些喷发期的长度从半年到三十几年不等，而静止期则从一年半到七年半不等。

时间	喷发年份	政府措施
公元79年—1631年	203年、472年、512年、787年、968年、991年、999年、1007年和1036年	因为512年的火山喷发很严重，当时的国王免除了维苏威火山山麓居民的赋税
1660年—1944年	1660年、1682年、1694年、1698年、1707年、1737年、1760年、1767年、1779年、1794年、1822年、1834年、1839年、1850年、1855年、1861年、1868年、1872年、1906年、1944年	

维苏威火山非常著名，不仅因其地理特征，更有文化和历史的原因。它最著名的一次喷发，就是在公元79年吞没了古城庞贝，特别是在庞贝重见天日之后，那些因火山埋葬反而保护得很好的遗迹，甚至那些保持着生前最后状态的人，都让庞贝和维苏威火山扬名世界。

你不知道的

当年著名的斯巴达克起义，也在维苏威火山附近有过重要的战役和活动。公元前 73 年，斯巴达克带领的起义军曾被古罗马执政官围困在索马山荒芜的山顶，斯巴达克将植物的藤条搓成绳索，顺着火山口边无人防守的裂缝逃出包围圈。

火山真相

作为一种特殊的山体，火山下面的地壳下 100 到 150 千米的地方，有着一个呈高温、高压状态，并含有可挥发气体成分的熔融状态“液态区”，这就是岩浆所在的区域。当岩浆从地壳的薄弱地段冲到地表，就形成了火山，也叫火山喷发。

火山可分为活火山、死火山以及休眠火山。火山是地心到地表的一个火热出口，拥有地球上最具有爆发性的力量，而且爆发的时候能喷出多种物质。

火山是如何形成的

一些从地下涌出的固体碎屑、熔岩，还有一些从地下喷出的其他物质，共同围着喷出口不断堆积，形成了隆起的山丘，就形成了火山。

火山的喷出口，就如同一条从地幔或岩石圈通向地表的管道。从地下喷出的大部分物质都会堆积在火山口附近，但是有一些却

被大气裹挟着带到高处，随后扩散到几百甚至几千千米以外。

火山的形成，是在一系列的物理和化学过程中才得以完成的。上地幔受到一定温度的压力，部分岩石就会熔融，随即与母岩分离，而熔融体就会通过孔隙或裂隙向上运动，随后在一定的部位逐渐积累，形成岩浆囊。随着岩浆不断补充进来，岩浆囊里的岩浆越来越多，就导致了压力越来越大。此时，如果正好遇到地壳覆盖层的薄弱地区，就无法阻止岩浆继续向上的“脚步”，岩浆就会从这里向地表上升。

岩浆在不断上升的过程中，溶解在岩浆中的挥发成分就会形成气泡，当这些气泡的体积超过 75%的时候，液体中的气泡就会被迅速释放出来，导致爆发性的喷发。气体释放后，岩浆的黏稠度降低，于是就形成了可以湍急奔流的物质。

换而言之，此时的岩浆可以像脱缰的野马一样奔腾流泻了。

但如果岩浆的黏滞系数较低，或者挥发成分较少，流淌起来就偏于宁静而和缓。

因为火山从熔融到喷发，这一系列的物理化学过程各有差别，所以也就有了形形色色的火山。

环太平洋火山地震带

自从地质学上有了板块构造学说，很多学者就在板块理论的基础上建立了火山模式，认为大多数火山都是分布在板块边界处，而少数火山分布在板块内。

板块边界处构成了四大火山带，也就是环太平洋火山带、大洋中脊火山带、东非裂谷火山带以及阿尔卑斯－喜马拉雅火山带。

板块构造学说在火山研究中的意义，就是把看起来彼此孤立的现象联系成为一个整体。不过，所有的学说和研究都会有一些不完善之处，如环大西洋地带就没有火山带。

从这一点也可以看出，科学探索是永远没有止境的。

环太平洋火山带，又叫作环太平洋带或环太平洋地震带或火环，南起南美洲的安第斯山脉，经北美洲西部的落基山脉，再转向西北的阿留申群岛和堪察加半岛，向西南延续到千岛群岛、日本列岛、琉球群岛、台湾岛、菲律宾群岛以及印度尼西亚群岛，全长 40 000 多千米，呈现出一个向南开口的环形火山带。

在环太平洋火山带上，共有活火山 512 座，仅在南美洲科迪勒拉山系安第斯山的南段就有 30 多座活火山，北段有 16 座活火山。而世界上最高的活火山，就是位于中段的尤耶亚科火山，海拔6 739米。

在堪察加半岛上也有经常活动的克留契夫火山，向南延伸至千岛群岛和日本列岛，而著名的火山分布则在日本列岛。从琉球群岛到台湾岛也有着众多的火山岛屿，如赤尾屿、钓鱼岛、彭佳屿、澎湖岛、七星岩、兰屿和火烧岛等，都是地质时期上的新生代以来形成的火山岛。

这也是日本和中国台湾都是地震高发区的原因。

环太平洋火山带的确是个火山活动频繁的地方，在全球范围内，有历史资料记载的现代火山喷发，80%都发生在这个火山带上。

火山到底是好还是坏

如果从火山的喷发可以带来肥沃的土地这一点来看，火山的意义的确是非凡的，而它那奇异的地貌还具有旅游价值。此外，火山的地热以及火山石等材料的应用，都是对人类的生活有所帮助的。

火山的众多好处中，不得不说的就是地热了。有火山的地方就一定有地热，而地热作为一种廉价且无污染的能源，备受人们的青睐。利用地热可以建造农业温室以及进行水产养殖，甚至民用采暖等等。地热对于人类来说，的确是非常有价值的。

当然，人们最熟悉的对地热的利用就是泡温泉。温泉在带给人们健康的同时，还带给人们非同寻常的享受。

在地热资源丰富的地方，人们利用它进行工业加工以及发电。冰岛的雷克雅未克附近就有三座地热电站，可以为15万冰岛人提供热水和电力。在冰岛，有85%的居民都是通过地热取暖的。利用地热不仅卫生环保，还大大减少了石油等能源的进口和使用。

火山活动还能形成多种矿产，最常见的就是硫黄矿了。这也是火山喷发时会有很浓重的硫黄味儿的原因。

除此之外，在陆地喷发的玄武岩通常可结晶出自然铜和方解石，而海底火山的玄武岩通常可形成铁矿和铜矿。另外，还有我们所熟悉的钻石的形成，竟然也和火山有着关系。

听到这些，你肯定觉得火山还真是个好东西！

慢着，难道你忘记庞贝的经历了吗？想想火山爆发时喷出的肆虐的岩浆，吞没了人类居住的乡村和城市，让无数人无家可归，甚

卡克鲁亚笔记

分布最广的一种火山岩就是玄武岩，它是良好的建筑材料。经过熔炼后的玄武岩被称为“铸石”，可以制成各种板材、器具等。铸石有个最大的特点，就是坚硬耐磨、耐酸、耐碱、不导电，所以它还可以用作保温材料。

至有很多人因此丧失生命。

或许居住地远离火山的人对这些并没有什么切肤之痛，但是火山爆发所产生的污染，却是可以传到很远的地方的。

首先，火山喷发的时候，被喷射到空中的火山碎屑，重的、大的当然会“就地安家”，落在火山口附近。但是轻的、小的，就会被风吹到很远的地方，随后形成沉降，或者上升到平流层，参与到大气环流中。灼热的火山灰和水混合而成的火山泥流和火山灰流都是颇具灾害性的。

火山喷出的岩浆冷凝碎屑，火山通道内以及四壁岩石的碎屑共同构成了火山碎屑。

按照大小，火山碎屑可分为大于鸡蛋和小于鸡蛋的火山砾，小于黄豆的火山砾，以及颗粒极其细小的火山灰。

按照形状，火山碎屑可分为纺锤形、条带形的火山弹，扁平的熔岩饼，丝状的火山毛。

按照内部结构，火山碎屑可分为内部多孔、颜色较浅的浮石以及内部多孔、颜色黑褐的火山渣。

火山灰危机

2010 年 4 月 14 日的凌晨 1 点，冰岛南部，位于亚菲亚德拉冰盖的艾雅法拉火山开始喷发。火山喷发地点位于冰岛首都雷克雅未克以东 100 多千米，火山喷发出的岩浆融化了冰盖，引发洪水，附近 800 多位居民不得不紧急撤离。

事情还没有就此结束，到了 4 月 16 日，火山再次喷发，同时还暴发了冰泥流和巨大的洪水，而喷发产生的火山灰在空中大量飘散。

火山灰持续在大气层中扩散着，导致冰岛、英国、德国、波兰等多个国家的上空烟气沉沉，看不到太阳。欧洲西部很多国家的航班也不得不中断航行。

能见度这么低，飞机肯定不能起飞了！

火山灰带来的危害还不仅仅是降低能见度的问题，更可怕的是，火山灰会让飞机引擎熄火。一旦飞机的引擎里进入火山灰，当飞机飞入高空后，那里的寒冷就会让火山灰冷却，继而导致引擎停止运行。飞机引擎在空中停转，这个后果不必多想也能知道！

火山灰还会刺激人的呼吸道，如果本来就是呼吸道疾病的患

者，那就更麻烦了。

当源源不断的火山烟尘在 7 000 多米的高空形成火山灰云团，并随着风向移动，想想也知道周围的国家会怎么样了。欧洲各国的面积都不大，国与国之间的距离也并不大，当然会有很多国家跟着遭殃了。

据国际航空运输协会估算，这次的火山灰危机，在短短的 5 天里，平均每天给欧洲的航空业造成近 2 亿欧元的损失，这还不算其他相关行业的损失。

有人形容这次火山灰危机造成的损失，比美国“9·11”恐怖袭击更为恐怖惊人，这么说似乎有些耸人听闻，不过这次事件造成的危害，特别是经济损失，确实是非常大的。

火山喷发时产生大量的二氧化硫等有毒气体，二氧化硫是导致酸雨的罪魁祸首之一。看出来了吧，火山正是产生酸雨的自然原因之一。

你不知道的

冰岛位于大西洋中脊的火山活跃地带，这里的火山大部分在冰川下。艾雅法拉火山上次的爆发时间在 1823 年。而在这之前的 1783 年，冰岛境内的拉基火山喷发时，产生了大量的二氧化硫等有毒气体。当毒气云团飘浮到北大西洋上空的喷射气流之上时，原有的气候模式也随之改变，导致大不列颠群岛的很多人被这些有毒物质毒死。

自然生成的大气污染

现如今，提到大气污染人们首先会想到工业污染物的排放、汽车尾气、路边烧烤，甚至过年过节以及商铺开张时燃放的鞭炮。虽然这些都是大气污染的原因，但是它们只是导致大气污染的一部分原因，因为大自然本身也在污染着空气。这一点，想必通过前面所讲的火山爆发，你对此已经有了初步的认识。

想想也知道，一座自然界的火山拥有的能量，是绝非任何一间人类的工厂所能达到的。

森林的隐私

我们真的不愿意相信，被我们如此热爱的大自然，竟然也会成为主要的污染源。当然，火山实在是人类所无法控制的，但是森林呢？

众所周知，森林给了人类太多的恩赐，供养了大量的动物和植物。此外，森林能帮助大地保住珍贵的水，并让水进入到空气中，在带来湿润空气的同时，还能增加降雨量。森林甚至可以减小风力，挡住肆虐的沙尘暴，它们的根能将土地牢牢抓住，不让土地随便“逃走”。

森林不仅带给我们很多实惠，还带给我们很多想象的空间。有许多美妙的童话都以森林为背景，有许多美文都以森林作为赞美的对象。森林在给人类提供服务之外，还提供给人类一个博大的文化基础。

但是森林在带给我们数不清的好处的同时，它自己也会有点小小的“私生活”，比如植物在阳光的照射下，会散发出两个奇怪的家伙——异戊二烯和萜（tiē）烯。

卡克鲁亚笔记

叶子可以通过释放萜烯来调节植物内部的温度，减少蒸腾过程中损失的水分，但不少萜烯也只是植物新陈代谢的副产品而已。动物也是含有萜烯的。维生素A和视紫红质以及视网膜视杆细胞中的色素都是萜烯，所以鱼油和鱼肝油也含有萜烯。而视网膜视杆细胞色素就是让我们在光线微弱的时候，也能看到物体的原因。

你一定会想，名字如此古怪的家伙，究竟是什么怪东西？

萜烯，从名字来看，大家可能感到很陌生，然而如果问你是否知道松树的味道，你应该不陌生了吧。

松树的味道比其他树木要强很多，如果你走入松树林，那种特有的松香味，会让你猛然觉得自己和自然离得好近。你知道松树为什么会有如此奇异的芬芳吗？

那是因为松树中含有萜烯，当然只是萜烯大家族中的两种，一种叫作阿尔法萜烯，另一种叫作贝塔萜烯。

并不是只有松树会产生萜烯，我们熟悉的柠檬里含有柠檬烯。姜的味道之所以如此独特，也是因为它的存在。在我们的日常生活中，有太多东西里含有萜烯了，比如茴香、檀香木、玫瑰和薄荷等。总之，很多味道特别的植物，都是因为萜烯在其中发挥作用。

很多植物常会散发出怡人的香气。有些香气可以吸引昆虫前来帮忙授粉，有些散发着香气的油脂可以保护树木不被真菌侵蚀，还

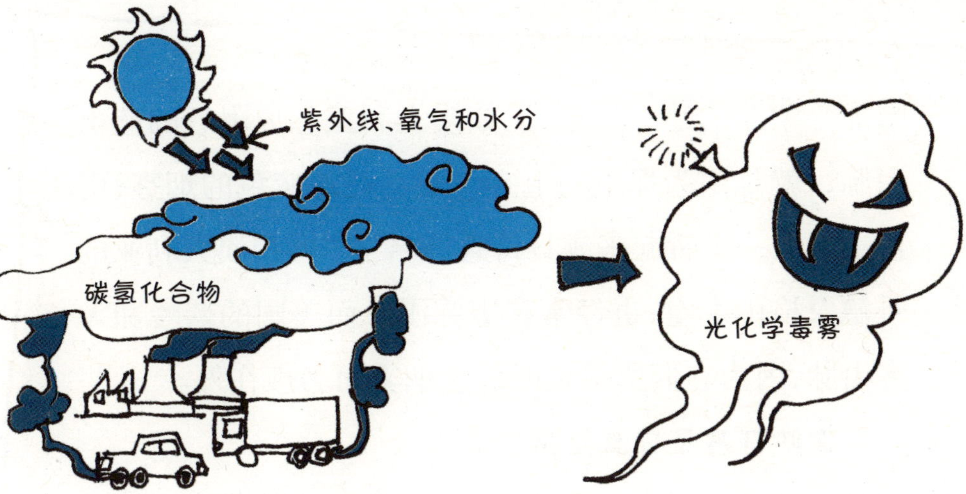

有一些因含有萜烯而散发异香的植物，甚至能让其他动物吃了它们的叶子后生病。这就让很多昆虫和其他动物不得不对这些植物退避三舍，打消想对其大快朵颐的念头。

植物的小动作

我们讲了这么多关于环境的事情，大家对“光化学烟雾”这个词应该已经不陌生了吧？它就是一种带有刺激性气味的烟雾，也是阳光充足的一些大城市的一大特点。提到这个家伙，就会让人们想到那些高速公路上快挤爆了的汽车，那些可怕的尾气……这几乎就是城市的灾难。但是你可能不知道，在少有人类污染的乡村和森林，也会有这种现象发生。

如果你去过有山、有森林的地方，远远地，就有可能看见半山腰那雾蒙蒙的迷人景色，比如澳大利亚悉尼附近的蓝山山脉，就是因为那里的上空经常悬浮着蓝色的烟雾，而得了这么一个听起来颇具诗意的名字。同在澳大利亚的丹德农格山上空，也经常蓝雾弥漫。而美国的蓝岭和大雾山脉，因为它们所呈现的蓝色烟雾而名声在外。

这些可都是自然生成的烟雾。

森林之所以会有这样的烟雾产生，就是萜烯搞的小动作。这些散发着芳香的萜烯属于易挥发物质，而当它们和臭氧相逢的时候，就会生成很多极小的颗粒。这种小小的颗粒对太阳光产生散射，而蓝色恰恰是散射效率最高的颜色。

正是这个原因，在散射的作用下，人们便看到了这种细小颗粒形成的蓝色。因为这些颗粒的存在，颜色肯定不会是透明的，所以就是雾蒙蒙的样子。而这些蓝色的烟雾，多产生在森林半山腰的上方。

这就是森林在为人类和地球做了无数好事之后，偷偷地

干了一点点制造污染的坏事，这也算是导致大气污染的一个小小的因素吧！

顺便说一句，天空和大海之所以呈现蔚蓝色，也是因为蓝色容易被反射和散射。

火的灾难

如果说森林中的萜烯只是植物为了自己的生长，而造成了一些

小小的污染，那么比这种“小动作”要可怕得多的污染，则是森林火灾了。

对于火山的爆发，人类一点办法都没有，而植物萜烯搞的那些“小动作”，是人家生存的自然形式，但是谈到森林火灾，就不得不和人类扯上关系了。严格来讲，森林火灾是自然和人类都可能引发的一种灾难。

森林、灌木以及草地大火所释放的烟和大量气体，在与太阳光发生反应之后，就生成了光化学烟雾。这样的火灾如果继续发展，就如同巨大的工厂将所有废气统统排放到空气中一样，烟雾就这么肆无忌惮、毫不客气地直接排入到大气中。

天灾

这些火灾不仅会给当地造成严重的污染，在火势太大的时候，还会摧毁房屋、农场和人类的其他财产，夺走人的生命，甚至将这些污染扩散到更远的地方。

自然界的火灾多是由闪电引起的。

秋天，树叶纷纷落地，一些树木的老树枝干也可能脱落，草也将枯死。这些物质积累在地表，在风的作用下，变得越来越干燥，走在上面，你会听到“嘎吱嘎吱”碎裂、折断的声音。

此时的这些家伙，以及挺立在那里的大树，就成了极其易燃的物体。这个时候，如果来一道闪电，闪电的火花就有可能导致森林火灾。

当火燃烧起来，在火势很小，热量蓄积得还不是很高的时候，恰好来一场雨，小火也就被熄灭了。但是倘若火苗通过地表积累的大量干燥的枯木，进一步烧到虽然已经死掉但是还伫立着的小树，甚至灌木丛时，火就有了向高处攀爬的“梯子”。一旦火苗蹿上树冠，树冠的火就会迅速蔓延，大气对流将热气带到森林上空，夹带着燃烧碎片以及火花，再传到下方的树冠层。这时候，近地面的空气盘旋着进入并替代了上升空气，就形成了颇具飓风势头的风，进而形成风暴性的大火。

怎么样？听这名字就够可怕了吧！

这种风暴性的大火就如同风箱一样，将氧气源源不断地注入火焰中，不断加剧着火势的蔓延，而风又不断地把火吹到新的可燃物上……森林大火太可怕了！

这样的森林大火在世界各地都有发生。就拿 1988 年的美国黄

石公园大火来说，大火从7月开始燃烧，尽管官方想尽一切办法，也始终无法控制住大火，直到9月11日，美国那年的第一场雪的到来，才将大火压制住。而实际上，还有一些闷燃的火一直坚持到11月份。此时，大火燃烧了差不多40万公顷的土地，约占公园总面积的5%。仅火灾最严重的8月20日，大火就燃烧了6万多公顷的土地。

听到这里，你是不是有一种想办法控制森林大火发生的冲动呢？如果你认为自然界的森林大火就是一场灾难，那你还真是误会了。其实自然界的森林大火与其说是一种灾难，倒不如说是一个新陈代谢的过程。

为什么这样说呢？让我给你解释一下。

森林在成形之后，会因为不断累积的各种植物或者死去的植物形成饱和的停滞状态，那些死去的植物阻挡了新生命的诞生和成长。很多种子隐藏在地下，却因没有足够的空间和阳光，只能等待或在等待中死去。

卡克鲁亚笔记

美国黄石国家公园从1972年到1987年，一共发生了235起火灾。闪电在干燥季节总会引发火灾，只不过这些火灾都能自然熄灭。但是到了20世纪80年代，由于一连串的异常潮湿天气，这种可以自生自灭的火灾发生得不太频繁了，最终导致那些没有通过燃烧“消灭”掉的植物越来越多。

特别注意

自然界的行为有它的道理，但是这绝对不包括人类造成的森林火灾。人类造成的森林火灾，除了带来巨大的经济损失和大气污染外，没有任何好处，因为这并非自然界的本来计划。

适时的森林大火正好成了摧毁“旧世界”的手段。大火过后，那些隐藏于地下的种子，就会获得生长的机会。自然界的行为都是有它的道理的，一个生机勃勃的、崭新的森林，就会再次出现在这个世界上。虽然这样的大火会导致大气污染，但是那是人家自然生存的形式。

面对自然界的火山爆发，我们束手无策；对自然界的森林大火，人类尚有些控制能力；面对特大自然火灾，人类还是无能为力。

不仅森林能发生火灾，油井也是个易着火并导致污染的地方。1991 年，伊拉克军队在海湾战争结束后撤退的时候，放火点燃了科威特的 600 多口油井，大火产生的大量黑烟覆盖了波斯湾地区长达几个月的时间。

人祸

说到人类造成的森林火灾，就不得不提到大兴安岭火灾。

1987 年 5 月 6 日，在中国的大兴安岭地区，发生了新中国成立

以来最严重的一次森林火灾，直到6月2日，大火才被扑灭。此次森林大火，不但让中国境内近7.3万平方千米的森林受到不同程度的损害，还波及了苏联境内的4万多平方千米的森林。7.3万平方千米，几乎相当于整个苏格兰的面积。

之前提到的发生在1988年的美国黄石公园大火，和大兴安岭火灾相比，都是小巫见大巫了。然而大兴安岭火灾和黄石公园大火的起因却不同，大兴安岭火灾是人为导致的。

这场大火的最初起因竟然就是一个小小的烟头，而且还是在有汽油的机器旁边丢弃的、没有被熄灭的烟头。更糟的是当时处理的时候，只熄灭了明火，却忽略了余烬。结果大火燃起，恰逢那年的气候异常，风向变化多端，火场中的风力非常大，有些火场甚至出现了龙卷风。再加上正逢林区干旱少雨的季节，林间堆积的可燃物非常厚，这些干燥的燃料遇火即着，更何况这么大的火呢！

这场森林大火造成了巨大的直接和间接经济损失，受灾群众有1万多户，共56 092人，死亡人数有户籍登记的约200人。

这才真的是血与火的教训！如果说自然形成的森林火灾有着人家自己的道理，人类造成的火灾则完全无道理可言。这既是对自然的破坏，也是对人类自身的戕害。

你不知道的

火灾可产生光化学烟雾和浓烟，直接导致空气指数下降，对人体健康有着很大的危害。污染严重的地方，人们呼吸污染空气的受害程度，几乎相当于一个人每天吸80根香烟。

别拿大气当空气

问你一个问题，人最必要的生存条件有哪些？你一定会回答：不就是食物和水嘛！

错！你说的只是人最必要的生存条件之中的两项，如果缺少另一项，那么无论多好吃的东西，你也没机会吃了。

相信聪明的你，经过我的提点，应该一下就能想到。没错，答案就是空气！

“息息相关”

我们都非常熟悉“息息相关”这个成语，是说“彼此关系非常密切”的意思。但是你知道这个“息”是什么意思吗？“息”就是指呼吸时进出的气。在自然界里，我们呼吸的是空气。

对于空气，一般人很容易和氧气混为一谈，因为大家都知道，氧气是人活着的必需品，当人生病需要急救的时候，医生就会给患者戴上氧气罩，增加供氧。不过我们周围的空气，远比氧气要复杂得多。

空气是混合物

空气是由多种气体混合而成的。尽管生命对氧气的需求如此强烈，但氧气却并不是空气中的“老大”。在空气的家族成员中，氧气也只能排到老二的位置，只占空气的21%。空气家族真正的老大则是氮气，这家伙仅凭一己之力，就占了整个家族的78%。

空气家族中还有一部分极小的份额给了一些稀有气体，如氦、氖、氩、氪、氙等，这些可爱的小兄弟仅占空气家族的0.94%。除此以外，还有一些如水蒸气和杂质之类的其他物质，它们的份额就更小了，一共也就分得了0.03%的“控股权”。

换句话说，如果忽略那些比例很小的其他物质，空气主要是由氮气和氧气组成的。

其实空气的成分不是固定的，高度和气压的改变都能导致空气组成比例的改变。尽管空气是混合气体，但是由于其无色无味的特质，在之前的很长一段时间内，人们都认为它就是一种单纯的物质。直到 18 世纪的法国科学家拉瓦锡通过反复实验，才确定了空气是由氮气和氧气组成的。又过了一个世纪，科学家们在经过大量的实验后，发现空气里还存在一些稀有气体，就是氦、氩、氙等小兄弟。

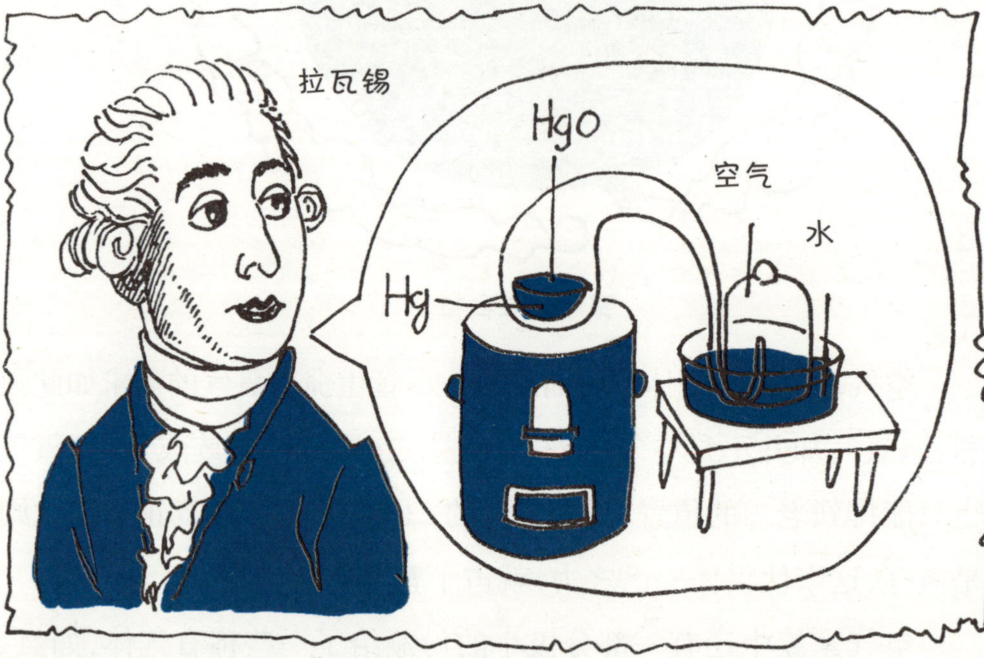

至此，空气家族的成员们，基本都已经现身于人类面前了。

曾经有人提出假设：氧气在空气中位列第二，可是氧气很重要，如果空气中全是氧气就好了，那我们不就真的生活在“大氧吧”中了嘛！

这个假设表面看上去很美，但事实却是非常危险的。

卡克鲁亚笔记

拉瓦锡于1743年8月26日，出生于法国一个贵族家庭。拉瓦锡是一位著名的化学家和生物学家，他的研究让化学从定性转为定量。他还给氧和氢命名，并预测了硅的存在。拉瓦锡还提出了“元素”的定义，并于1789年发表了列有33种元素的第一个现代化学元素列表。

惹不起的氧

稍微有点化学常识的人都知道，氧元素的化学符号是一个“O”，看上去蛮像一个“零”的。这个从化学式上看起来非常可爱的O_2是无色无味的，很难溶于水。一升水中，大约只能溶解30毫升的氧气。

虽然在常温下，氧气相当“老实”，总是和很多物质保持距离，不会轻易“来电”，但是如果遇到高温，它的热情本性就会毫无保留地释放出来。

高温对于氧气来说，无异于是热烈的“激情”，有了这种“激情”，氧气就能和多种元素直接化合。

氧气的助燃效果，最显著的就是和可燃气体的混合，比如乙炔。它们组合产生的高温火焰，可以让坚硬的金属熔融掉。别的不说，

你总看过那些手持焊枪的工人是如何对付一块厚厚的铁板的吧？焊枪中喷射出的火焰不仅可以焊接，还可以切割。当然焊接的过程其实也是将钢铁熔掉，然后再接在一起。

冶金的过程肯定是离不开氧气的。在生成硝酸和硫酸的过程中，氧气也可以起到强化作用。氧气和水蒸气的混合物在吹入煤气气化炉里后，就能得到高热值的煤气。另外就是氧气在医疗上的作用了。

现在我就要谈谈，你那个看起来很美的想法，为什么是危险的。

氧气在生命活动中固然非常重要，在人类的生产中也起着重要的作用，但是纯氧对于人们来说，并不意味着高级享受，相反，还可能是一种致命的物质。早在19世纪，英国科学家保尔·伯特就发现，如果让动物呼吸纯氧，会引起中毒。

人和动物对氧气的适应能力基本相同，所以纯氧也会让人类中毒。

纯氧只能让你老得快

在半个大气压的环境中，人类吸入纯氧的时间过长，细胞就会被毒害，人就会“氧中毒”。

没听过“氧中毒”吧？事实就是如此。

人体会因为肺部毛细血管遭到破坏，导致肺水肿、肺瘀血和出血，这样的情况自然会影响呼吸功能，继而让各个脏器因为缺氧而遭到损害。在一个大气压的纯氧环境中，人只能存活 24 小时，就会因肺炎导致呼吸衰竭和窒息，最后死亡。

如果大气压提高到两个，人在纯氧环境中，最多只能停留 1.5~2 小时。超过这个时限，人就会脑中毒，精神错乱，丧失记忆，整个生命节奏全部紊乱。

倘若再加一个大气压，或者更高，人就会在几分钟之内，脑细胞坏死，随即陷入抽搐、

昏迷、死亡。

你明白了吧，救命的氧气也可能成为致命的家伙呀！可是还有很多人为了健康，甚至为了所谓的永葆青春，有事儿没事儿就去吸氧呢！

这就更是一个大大的误区了！过度吸氧非但不能永葆青春，反而会促进生命的衰老。虽然人活着就离不开氧，但是它在为人服务的同时，也会悄悄地“偷走”人的生命，似乎是在为它对人的服务索要报酬。

这其实并不难理解。看到铁生锈，我们都知道那是铁被氧化了，而铁锈蚀得越严重，就相当于它越“衰老”。人也是这样，人的一生衰老的过程，其实就是一个被氧化的过程。当然，这是一个自然而缓慢的过程，毕竟正常生活中，人们所吸收和接触的氧也就是那么多。

倘若总是超过自然量吸氧，它们进入人体后，很快与人体细胞中的氧化酶发生反应，生成氧化氢，进而转变成脂褐素。这种脂褐素是可怕的、加速细胞衰老的有害物！当它们在人的心肌上堆积，可怜的心肌细胞就会老化，心脏功能就会减退。如果它们堆积在血管壁上，就会导致血管老化和硬化。如果它们跑到肝脏上，就会削弱肝功能。如果它们在大脑扎堆儿，人的智商就会下降，记忆力也开始衰退，痴呆是不可避免的了。它们最显而易见的“罪恶”，就是老年斑！老年斑是由于脂褐素在皮肤上沉积形成的。

氧气还有一个危险之处，就是易燃易爆。如果发生火灾，正好

有它在，那麻烦就大了，因为它一旦遇到高温，真的会变得“热情似火”的！

别把大气当空气

大气和空气都是包裹着地球的气体，这么说好像有点分成两类的意思。严格地讲，空气是大气的一部分，就是最贴近地表，供人们日常生活的那部分，而全部的大气层则要更加厚一些。

大气指的是围绕地球聚集的一层很厚的大气分子，就是被我们称之为大气圈的东西。人类就生活在地球大气的底部，如果说人离不开空气，也就是说，人也离不开大气。

大气如此重要，当然也属于人类研究的对象了，因此就诞生了一个专门的学科——大气科学。这门学科对大气的组成、分布和变化,大气的结构和基本性质,以及主导状态的运动规律,都有深入研究。

大气中热能的交换引起了大气的运动变化,而这个热能的主要来源就是我们最亲爱的太阳了。热能的交换让大气温度产生了很大的差异。

空气的运动和气压系统的变化,让大海和陆地之间、南方和北方之间、地面和高空之间不断产生能量和物质交换。这些复杂的过程,产生了气象变化和气候变化。

天气现象实际就是大气中水分子变化的结果。而太阳辐射和下垫面强迫作用,加上大气环流"站脚助威",就形成了天气的长期综合情况,这就是气候。

总结来说,天气是短期的现象,而气候则是长期的现象。

大气污染对大气物理状态的影响,则可引发气候的异常变化。有的时候这些变化很明显,有时候则是渐渐形成的。不管是"明目张胆",还是"润物细无声",如果任其发展,都会导致严重的后果。

有模有样的大气

大气究竟是如何形成的?

想回答这个问题,有点麻烦,因为说法还真不少。有人说,大气的演化经历了原始大气、次生大气和现在大气三个过程。

据说大气的最初成分主要是氢和氦,之后在进一步的演化中,变成了如今的样子。

虽然关于大气的形成,解释起来并不是很容易,但是它现在的样子我们是很清楚的。

密度、气压和层次

大气是伴随地球的形成,逐渐演变、成长起来的。

大气的密度

地球越靠近核心部位的组织,密度就越大。大气圈就其本身密度而言,原比地球的固体部分要小得多,但就大气圈本身而言,也还是遵循着越靠近核心，密度越大的原则。所以整个大气圈，高层的密度要比低层的密度小得多。

究竟从高到低的密度差距有多大，用几个数据来说明一下吧！

假如把海平面的空气密度设定为“1”，那么在240千米的高空，大气密度就只有千万分之一了。如果继续上升到1 600千米的高度，密度就已经只有海平面的一千万亿分之一了。差距就是这么大！

事实上，整个大气圈全部质量的90%，都集中在高于海平面16千米以内的空间中。当然，到了大气圈的顶部，也就没有什么明显的分界线，而是逐渐过渡到星际空间。

卡克鲁亚笔记

海平面以上80千米到100千米的空间，虽然存在密度差异，但大气成分都以氮和氧为主。在这个界线到1 000千米上下这个范围，还真的以氧为主了。再往上到2 400千米左右，就以氦为主。而到了3 000千米以上，就是稀薄气体和星际空间的物质，密度相差无几了。

大气压

大气压是大气的重量对任何表面所产生的压力，也就是所谓的单位面积受到的力。从单位底面积向上，一直延伸到大气上界的这个垂直气柱的总重量，就是大气压的数值。大气压是我们常常读到或听到的和气象有关的一个名词。

气压的单位有两种：

▶第一种，用水银柱高度来表示气压的高低，单位是毫米(mm)。

▶第二种，用单位面积上所受水银柱压力大小来表示气压的高低，单位是毫巴(mb)。

举个例子：如果气压是700mm，就是说此时的大气压强和700mm高的水银柱产生的压强相等。毫巴理解起来就有点麻烦了，“巴”是物理学上一个压强的单位，一巴就是一平方厘米面积受到的一达因的力(达因是力的单位)。

这么小，在气象学上可是不够用的哦！

在气象学上，设定每平方厘米受力一百万达因为一巴。而一巴等于一千毫巴，一毫巴就等于每平方厘米受力一千达因。

你如果觉得这个毫巴难以理解，我劝你还是慢慢消化吧！顺便提醒你一下，可千万要看仔细，不然真的就“差之毫厘，谬以千里”了。

大气的层次

大气自下而上依次是对流层、平流层、中间层、热层和散逸层。这些层次都是人类根据它们的特质命名的。

对流层紧贴着地面，受地面的影响最大。当地面附近的空气受热上升，那些原本位于上面的冷空气就会下沉，这一升一降，就产生了对流运动，这就是对流层名字的由来。

对流层上面是气流运动相当平衡，主要以水平运动为主的平流

大气垂直分层

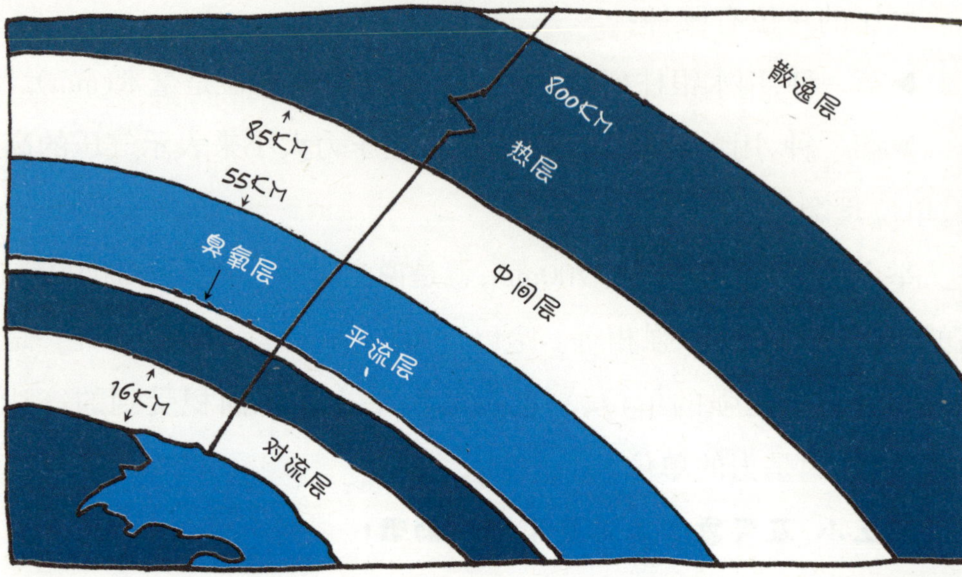

层。这是从对流层顶部到海平面以上 50 到 55 千米的一层。

平流层往上到高于海平面 85 千米高空的这一层叫中间层。因为这一层的大气中几乎没有臭氧，来自太阳辐射的大量紫外线一点没被吸收就穿过了中间层，所以在这层大气里，气温随高度的增加下降得很快，顶部气温已低于零下 83 摄氏度了！由于上下部的温差巨大，非常有利于空气的垂直对流运动，所以这里又被称为高空对流层或上对流层。

你明白了吗？中间层、高空对流层、上对流层，这三个名字说的是同一层！

从这个有着三个名字的中间层顶部到高出海平面 800 千米的高空，叫热层，也叫电离层。这一层的密度很小，只有大气总重量的 0.5%。听名字就知道，这一层的气温很高，根据人造卫星的观察，在

300 千米的高度上，气温已经高达 1 000 摄氏度以上了。

热层以上的大气，也就是大气的最外层，则统称为散逸层。因为已经是最外了，所以又叫外层。这也是大气的最高层，其高度可达 3 000 千米。不过这一层的温度也很高，空气也十分稀薄，因为“天高皇帝远”，受地球的引力极其微弱。因为这个原因，一些“不安分”的家伙，也就是一些高速运动的空气分子，可以随时挣脱地球引力，逃出地球，散逸到宇宙空间去。这也是这层被叫作散逸层的原因。

卡克鲁亚笔记

散逸层可以自如地吸收太阳的热量。由于散逸层的大气密度和星际几乎相同，所以人造卫星、空间站、火箭等航天器都在这个空间运行。这些航天器为人类研究地球、宇宙提供了重要的数据和资料。随着航空领域的发展，越来越多的航天器开始在散逸层安家。

根据火箭探测资料显示，大气圈外还有一层向外延伸到 2 万多千米的稀薄电离气体，这是地球大气向宇宙空间的过渡区域，人们形象地称之为地球的“帽子”，这就是地冕。

卡克鲁亚笔记

对于地球来说，大气层就好像是一条毛毯，均匀地包裹着整个地球，让地球处在一个温室之中。倘若没有大气层的存在，白天，太阳就会肆无忌惮地将所有阳光照射到地球上，让地表的温度激增，而夜晚则迅速散热降温。这样的地球，当然不会有生命存在。而大气层能让太阳的短波辐射顺利通过，夜晚又可以确保地表的长波辐射无法穿过大气层，来保证地球的夜晚不会太冷。

大气的成员们都在忙什么

氮在大气中当然是绝对的老大。别看它平时无色、无味、无毒，也挺“老实”的，但是一旦有闪电划过，它就有可能和氧发生反应，产生一氧化氮。

还有我们熟悉的二氧化碳，它也是摸不着、看不见的无色、无味气体。不过它的密度比空气大，所以也只能在距离地面 20 千米的低空中“玩耍”。这也是在说大气组成部分的时候，没有特别提到它的原因。虽然它的活动范围小，但是这个小范围可是人类的活动地呀！何况人类是吸入空气，呼出二氧化碳的，所以说它跟人的关系还是相当密切的。

虽然从人体代谢的角度看，二氧化碳是我们排出去的不要的废气，但是从夏日里冰凉解渴的碳酸饮料来看，我们又把它给喝回来了。

二氧化碳能给地球增温。随着人类社会的发展，二氧化碳的排放量也快速增加，这就等于是给地球再加了一把“火”。如果地球越来越热，南北极那些冰盖可就保不住了，想想那些无家可归的企鹅和北极熊……这还真是一个大问题。还有空气中的水汽、美丽的白云、不太“可爱”的阴云，还有雾、雨、雪、霜、露……这些也都没有了。正因为水汽在空气的冷热对流下，上去下来，才让地球有了降水。

至于那些杂质，你也不要小瞧它们，没有它们做凝结核，也就没有雨和雪的形成了。当然，正如雨雪存在于大气底层一样，这些不起眼的杂质，也是存在于此的。

空中的飞机在哪儿飞

提到空中的大气，很多青少年朋友们就会联想到飞行。飞行，是没有翅膀的人类的一个梦想，曾经美妙却遥不可及。然而这个梦想在有了飞机之后，也变成了现实。虽然人类无法亲自享受展翅翱翔的惬意，但终究可以在蓝天上旅行了。

你知道飞机和大气的关系吗?

飞机最爱大气哪一层

飞机总是跃过对流层，进入平流层飞行。因为对流层是产生各种天气的地方，那里一旦遇到闪电霹雷，飞机里的人即使不害怕，也舒服不了。即便没有坏天气，强烈的对流也可能导致飞机的极度颠簸，这感觉当然也是相当糟糕的。这是因为对流层的温度是下面高、上面低，而平流层的温度则跟对流层刚好相反，随着高度的增加，温度也增加。

你一定很好奇，这有什么关系呢?

这个关系可大了。你可以想象一下，空气也是热胀冷缩的，冷的空气自然密度大。在平流层中飞行的飞机，上面的空气轻，下面的空气重，重重的冷空气正好稳稳地托住飞机飞行。

平流层之所以上面的温度高，还有一个重要的原因就是臭氧。这里有大量的臭氧，而且都集中在平流层顶部，臭氧能大量吸收紫外线，这就促使这里的温度升高了。所以平流层才越靠上越“热乎”。

飞行员很喜欢平流层，因为那里是“平流”嘛！水平流动的大气，当然就很平稳喽！而且这种无阻碍的飞行，也会节省燃料。

卡克鲁亚笔记

随着科技的发展，一度沉寂的飞艇以其环保、经济性好等诸多优势，再度回归人们的视野。2015 年年末，由我国自主研发的平流层飞艇"圆梦号"进行了首次试飞。平流层飞艇是一种浮空器，也就是一种轻于空气的航空器。和对流层飞艇 8 000 米以下的高度相比较，平流层飞艇可谓"更上一层楼"，到了 25 000 米左右。能在这样的高度悬浮，就必须依靠最尖端的科技作为支撑。目前，在全世界范围内，它仍处于研制开发阶段。

飞机在飞行的时候，能见度是非常重要的。此外，平流层的水汽和悬浮颗粒等物质非常少，因此这里总是晴空万里，当然能见度就非常好了。

另外，这里是飞鸟无法企及的地方，所以也就多了一个安全因素。鸟儿对飞行中的飞机有着巨大的威胁。虽然一只小小的鸟儿和飞机这个庞然大物是没办法相提并论的，但是飞机在空中是高速飞行的，鸟儿也在飞行，换句话说，即便鸟儿就是在那里“溜达”，一旦和飞机迎面相撞，也可能导致机毁人亡！

大气的垂直分层

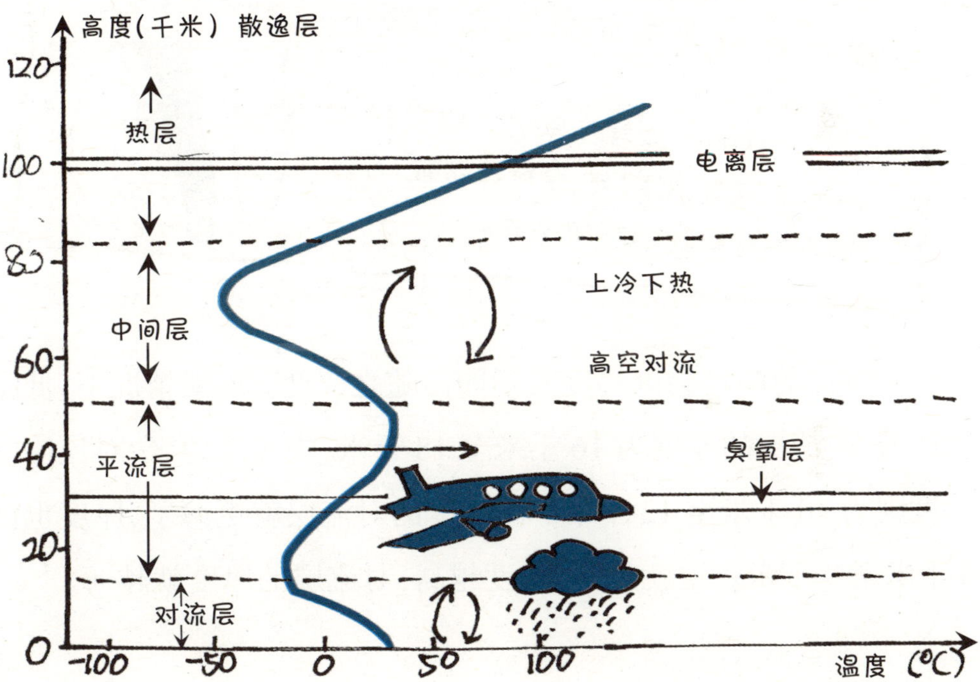

是不是很疑惑，为什么会这么严重？

当然是因为速度了！速度是可以创造力量的。子弹可以打穿肉体，甚至可以穿过一些结实的物体，不是因为子弹的锋利，而是因为它们的速度太快。飞机自身的飞行速度就够快了，这时候如果迎面再飞来一只小鸟，这个冲击力可想而知。如果小鸟被卷进发动机，情况更危险。

飞机在平流层飞行的好处还有一个，就是减少噪音，不会影响到地面上人和动植物的正常生活。

卡克鲁亚笔记

2015 年 3 月，汉莎航空公司的一架空客飞机在黎巴嫩海岸附近撞上鸟群，致使飞机引擎处喷出火焰，不得不紧急降落。

这样的事故并不罕见。据有关部门统计，仅在 2013 年，全世界就有 1 535 起因飞鸟引起的飞机事故。

对流层的厚度会因纬度的不同而随之改变。一般情况下，低纬度区域，对流层的厚度为 16 千米至 18 千米；中纬度地区，对流层的厚度则为 10 千米至 12 千米。高纬度的对流层就更薄了，厚度也就 8 千米至 9 千米。也就是说，纬度越高，对流层的厚度就越薄。

去大气的中间层许个愿吧

大气层中温度最低的中间层，可能不为大家所熟知。

给你一个概念，或许一下子就能记住中间层的位置，那就是飞机所能飞到的最高高度和太空船能飞行的最低高度之间。怎么样？

两种不同飞行器的飞行界限，一下就让中间层的位置在你脑海中有印象了吧？

在这里，随着高度增加，气温迅速下降，于是就形成了高空对流层。

在中间层有一个非常特别的景象，那就是流星雨。每天都有数百万颗流星进入到中间层，燃烧后形成灿烂的奇景。记住，可是每天哦！

这对那些总是想对难得一见的流星许愿的人，可是一个大好消息哦！

流星体冲入大气层，来到中间层，由于速度太快了，根本无法“刹车”，就和中间层里的气态离子撞个正着，让流星蕴含的铁或其他金属的原子变得更加集中了。这些激烈的碰撞会产生极大的热量，让那些流星在到达地面之前就被燃烧殆尽了。对于一些人来说，愿望是心中的美好向往，所以看看自己是否能看见大气中间层里那些纷纷下落的流星吧！

魅惑层中层

在大气层的热层中，有一个小层，它就是电离层。热层吸收了太阳光热的同时，也偷偷吸收了太阳的短波辐射和一些电子能量，这两个事物会进行电离。电离数量不断增加，就形成了电离层。

电离层有一个现代人离不开的大功能，那就是可以反射无线电波，实现远距离的无线电通信。

飘忽不定、色彩迷人的极光是天空中“流浪”的带电高能粒子，是在和热层来了个“亲密”大碰撞后产生的。

所以如果没有这个电离层，那些漂亮得让人心神恍惚的极光，估计只能是梦幻场景了。

你不知道的

大家都知道极光发生在北极和南极，但是你是否知道它的形成原理呢？原来美丽的极光来源于一场碰撞！极光就是天空中自在“行驶”的带电高能粒子，“砰”的一下和暖层撞在一起而发出的光，这就是极光。极光有红色、绿色、蓝色、黄色等，形状千奇百怪，无所不有。

空气达标了吗

近几年的天气预报，除了播报阴、晴、雨、雪、温度，还增加了空气质量报告。

有一句流传很广的话叫“有需求就有市场”。在天气预报中加入了空气质量报告，不用说，肯定是空气出了问题。

是啊，倘若空气清新，从来没有或者极少出现污染，就没必要每天把这事儿唠叨一遍了嘛！

没有单位的标准

没有规矩，不能成方圆。没有标准，也无法做出一个正确的评判。气温总是有度数的，比如今天很热，比昨天热，比前天好一些。如果要做具体的统计和比较，就必须有一些具体的数字。对空气质量这件事，当然也是如此。

和气温的具体数字相比，空气质量的表示似乎没有这么容易明白。有一个我们现在都已经很熟悉的词，叫空气质量指数。这个数值越大，级别和类别越高，表征颜色越深，就说明空气污染情况越严重。

我们要注意空气质量指数的定义——定量描述空气质量状况的无量纲指数。一个“无量纲指数”就表示这个可以衡量空气好坏的标准和表示温度高低的度数有点不一样。

先让我们看看这个“无量纲”是什么。简而言之，没办法用具体的单位来量化的指标，就用无量纲来做评价，比如你觉得玫瑰很香，可是到底香到什么程度呢？你无法给出具体的数据。玫瑰花，你可以说有“几朵”，或者“几枝”，甚至可以说“几束”，但是它有多香，你只能用“好香”“真香”“非常香”这一类词语来给出评价。同样，对于臭味儿，人们也没法直接用一个简单的数据作为评判，这些就只能靠评价师去嗅，然后给这些味道定出级别。

我们再来看看这个“无量纲”升级为“无量纲指数”后的概念，听起来很学术，简单地说就是没有单位的量。树有“棵”，牛有“头”，温度有“度”作为单位，而我们的“无量纲指数”统统没有。我们比较熟悉的圆周率，就没有单位。

那么空气质量指数到底是怎么计算出来的呢？

空气质量指数(AQI)是报告每天空气质量的一个参数，描述了空气清洁或污染的程度以及是否对人的健康有影响，也就是对人在呼吸空气后，对健康产生的反应给以评估。

空气质量指数是环保部门通过五个污染标准，来进行计算而得出的评估。这五个标准分别是地面臭氧、颗粒物污染、一氧化碳、二氧化硫和二氧化氮。

中国从 2012 年起，发布新的空气质量评价标准，污染物监测定为六项，分别是二氧化硫、二氧化氮、PM10、PM2.5、一氧化碳和臭氧，检测数据每小时更新一次。如今中国发表的空气质量指数，就是根据这六项污染物数据，用统一的评价标准呈现给我们的。

在2012年以前，中国一直是用空气污染指数（API）来衡量空气质量好坏的，但是空气污染指数（API）每次评定只考核三项：二氧化硫、二氧化氮和可吸入颗粒物。和六项监测比起来，三项很显然不够全面，准确度也会大打折扣，所以中国取消了空气污染指数（API），改用AQI来表示空气质量的好坏。

现在你明白了吧？原来空气质量指数就是对这些污染物进行的一个综合评估。空气质量指数什么样，都要看这些污染物的“表现”喽！

卡克鲁亚笔记

提到空气质量和空气质量指数，就不得不提到AQI，它就是空气质量指数的英文缩写。由于空气质量的问题越来越引起人们的重视，关心空气质量的人对这个缩写都很熟悉。正如股票的上证综合指数不代表股价，消费物价指数也不代表物价一样，AQI也只表征污染程度，并不是具体污染物的浓度值。

颜色的意义

在中国，空气质量共分为六级，一级表示优，二级表示良，三级就是轻度污染了，四级为污染，五级是重度污染，六级则是严重污染。

为了让人们对空气质量指数有一个非常直观的理解，颜色这个在很多场合都出来起“表态”作用的家伙，再次挺身而出。既然有六个等级，那就需要六种颜色。它们分别是绿色、黄色、橙色、红色、紫色以及褐红色。

聪明的你一定能猜到，那个已经被公认为环保颜色的绿色，一定是用来表示“优”了！红色嘛，应该不怎么好，因为这种颜色有警示的意思。

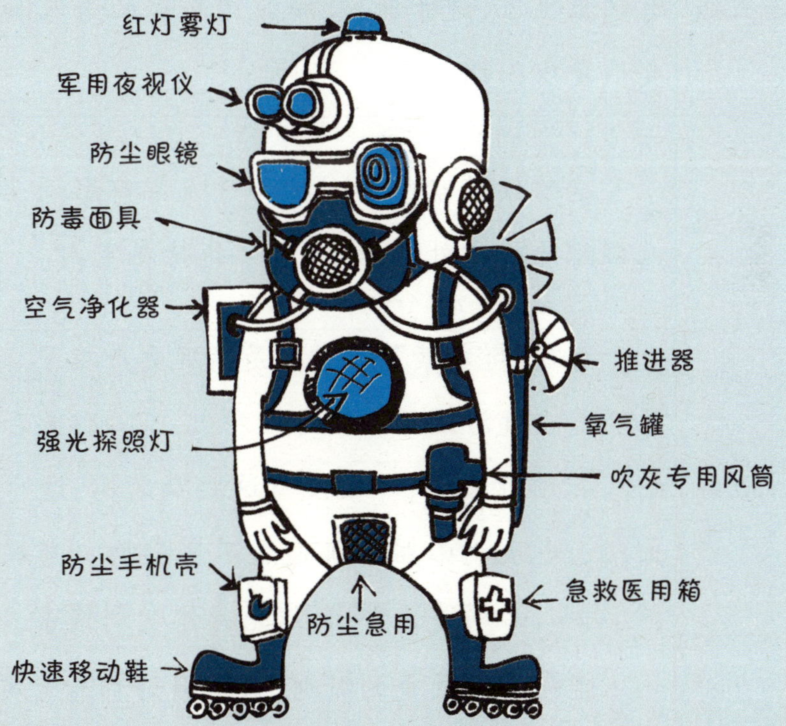

雾霾天气必备装

颜色	级别	含　义
绿色	一级	当然就是最好的空气状况了。当空气质量指数用绿色来表示时，说明空气质量很好，令人满意，你可以正常出门活动了。
黄色	二级	二级则是“良”。空气的质量还可以，不过也就是“可以接受”的程度。那些身体敏感的人还是尽量减少外出活动，多待在室内为好。
橙色	三级	比黄色又深了一些，说明吸入的空气已经具有刺激性了，这个时候，抵抗力较弱的老人和小孩要尽量少出门。
红色	四级	这时候的空气对心脏和呼吸都有影响，一般人群都要减少外出活动，尽可能待在室内。
紫色	五级	都“红得发紫”了，肯定是情况更严重了。五级已经是重度污染了。这时候外出，有心脏病和肺病的人麻烦可大了，即便没有这些病的人，这个时候出门，也会对心脏和肺造成不良影响。老人和小孩、病人，必须停止外出，以免身体受到伤害。
褐红色	六级	空气污染最重的级别。大家最好都老老实实地待在室内，因为这个时候出门，任何人都会觉得相当不舒服。

卡克鲁亚笔记

空气中的颗粒物是没有小时浓度标准的，因此以24小时平均浓度计算的AQI，相对于空气质量的小时变化，就会存在一定的滞后性。当首要污染物为PM2.5和PM10时，在看AQI的同时，还要关注其实时浓度数据。

揭开PM2.5的面纱

随着雾霾越来越频繁地“登台表演”，PM2.5也成了一个热门词语。这个PM2.5到底是什么呢？

前面已经介绍了，评测空气质量指数的六项污染物分别是二氧化硫、二氧化氮、PM10、PM2.5、臭氧和一氧化碳。而空气中的可吸入颗粒物的直径如果小于等于10微米，就是PM10。这些颗粒物的直径如果小于等于2.5微米，就是PM2.5。

非常正确！

微米究竟是个什么概念呢？人类头发的直径大约是70微米，对比一下70和2.5这两个数字，然后用你那聪明的脑袋瓜好好想想，就知道PM2.5有多小了。

别看现如今PM2.5是“臭名远扬”了，开始的时候，它可并没有

被列入污染的行列。那时候，人们完全没把这个毫无存在感的小东西当一回事。直到后来，人们才发现这个看不见、摸不着的家伙能够穿过鼻腔的鼻毛和黏膜，突破人体的防御系统，深入到人的肺部，继而引发呼吸疾病。损害身体的还不仅仅是这些颗粒本身，因为它们具有一定的表面积，这就让它们有了携带细菌、重金属以及致癌物多环芳烃等有害物质的能力。

这些颗粒一旦进入人体，就会把那些可怕的东西一起带到人体里，实在是可怕！

卡克鲁亚笔记

PM2.5的产生有两个来源，一个是来自自然界，另一个就是人类制造出来的。来自自然界的，如植物的花粉、细菌、风沙、火山灰、森林大火或沙尘暴等产生的细颗粒。人类发电、煤炭等工业，化学工厂、汽车尾气，甚至烹调时产生的烟尘等，这些都是PM2.5的来源。和自然因素相比，人类可谓“后来者居上”了。

“洗肺”之地爱沙尼亚

位于波罗的海海滨东岸的爱沙尼亚，东部与俄罗斯接壤，南部和拉脱维亚相邻，北边是芬兰湾，西南则是里加湾。这个国家的边界线长 1 445 千米，而海岸线的长度则达到了 3 794 千米，这就意味着这个国家的大多数国土是临海的，所以它也被誉为四周都是海的美丽国度。

爱沙尼亚是一个国土面积仅为 45 000 多平方千米的小国，却有着一个极其吸引人的地方，那就是空气。

可别说空气有什么稀罕的，地球上到处都是。在连天气预报里都在播报空气质量的年代，如果有一个地方没有雾霾，没有污染，你有什么感受呢？

爱沙尼亚就是这样一个国家。世界卫生组织公布的全球空气质量指数排名榜上，它可是绝对的名列前茅。那里的空气好着呢！

到底有多好呢？

这么说吧，就因为爱沙尼亚优质的空气，这里已经成为讲究健康的人士首选的“森林洗肺游”胜地了。

首都塔林位于爱沙尼亚的西北部，濒临波罗的海。这里在历史上，曾一度是连接中、东欧和南、北欧的交通要道，有“欧洲的十字路口”之称。这里也是爱沙尼亚最大的港口。

塔林始建于 1219 年。塔林古城保留了绝大部分的中世纪建筑，并因此在 1997 年被列入联合国教科文组织世界遗产。来到塔林古城，能看见 13 世纪时的人们生活和居住的建筑。在你看到著名的托姆别阿城堡的时候，仿佛看到 700 多年前的上流社会的权贵们在此聚会的场景。来到拉科雅广场附近，你是否感受到那时候的商人们在和客人讨价还价？是否听到小作坊里传来的敲敲打打的声音？

历史上远去的人们向你挥手告别，转头却看见屹立在那座八面棱体塔楼楼顶的老托马斯守护神的雕像，这就是塔林的象征。

你不知道的

爱沙尼亚的森林覆盖率高达 47%，其境内的湖泊、沼泽、景色迷人的海湾、海峡和岛屿众多。这里的自然生态系统保持得非常好，使得爱沙尼亚国土超过半数仍处于原始自然状态，基本未经人类触及。

挑战空气的那些家伙

前面说了很多由于自然原因造成的空气污染，但那些毕竟是自然界的正常"代谢"，何况火山喷发还会带来肥沃的土地。当然，这是从自然角度来说。毕竟自然远比人类"长寿"，在它的面前，一两百年的恢复期，简直就是转瞬之间的事情。就连自然的森林大火，也是"代谢"的一种方式，因为大火可以烧掉腐朽，给新生命一个成长的空间和机会。

人类的污染，却让自然完全"措手不及"。

近在眼前的污染气体

在大自然的孕育下，幸运地来到这个世界上的人类，在做某些事情的时候，仿佛在和大自然捣乱一般。特别是当人类成长到连自己都开始觉得了不起的时候，对自然的敬畏就越发少了起来。人类只是一股劲儿地忙着发展，忙着壮大，似乎完全忘记了，还有一个和我们息息相关的大自然。

污染是人类社会为追求发展所付出的沉重代价，当这个代价越来越大时，不仅吓到了人类自己，甚至也难倒了自然。这些污染已经不能被自然“消化”，于是自然环境“生病”了。

人类到底制造了哪些“污染”，来挑战自然的底线呢？

想知道这个，那就让我们来看看，在我们身边究竟有哪些家伙在和自然“叫板”，污染新鲜的空气。

说到人类对空气的污染，你是不是首先就会想到从工厂烟囱里滚滚而出的白色、黑色，甚至是棕色的烟呢？如果仅仅是这些，那还真的不能算是近在眼前了。

汽车、火车、飞机和轮船在给人们带来便利的同时，也会排放污染空气的气体，这早已不是什么秘密了。城市里的汽车数量非常多，且出行时间也比较集中，这就导致汽车尾气扎堆排放，集体展开对空气的“攻击”。

汽车排放的废气有一氧化碳、二氧化硫、氮氧化物和碳氢化合物等，这些都是挑战空气的“主力军”。

二手烟早已被大家熟知，它的危害很大，但是在二手烟之后，还有一个“三手烟”，这家伙的危害也是不容忽视的。

二手烟是什么？

二手烟就是指人在吸烟的过程中，喷出的黏附在衣服、地毯、家具，甚至是头发和皮肤上的有害颗粒或者气体。和吸烟一样，这也是对空气的一种污染。

在人们满怀喜悦住进新居的时候，如果之前装修时买到的是劣质涂料，那么这里面所含的甲醛就会让人生病。还有我们家里的电器，如冰箱的制冷系统是含有氟利昂的，这家伙绝对是大气的一个破坏者。所以我们在购买涂料和冰箱的时候，一定要注意选择安全环保的产品。远离甲醛，远离氟利昂。

我们炒菜时产生的油烟也是一种污染。厨房里的油烟会产生多种化学物质，包括二氧化硫、苯并芘等。

污染真是无处不在呀！到外面走走吧！

别以为到外面就能逃得出污染了，瞧瞧，出去转了一圈，新换的白T恤就显得有点脏了。这都是空气中的那些悬浮颗粒惹的祸，忘了那个PM2.5了吗？

卡克鲁亚笔记

在日常生活中，可对空气产生污染的物质是无处不在的，就连小小的粉笔都在其中。粉笔灰的体积多小于PM10，很容易进入人体的呼吸系统。虽然粉笔灰本身没有毒害，但在它们的表面会携带一些病菌，长时间接触粉笔灰也是很危险的。

可怕的“温暖”

温室效应

“温暖”真是一个让人听了就舒服的词语。然而当气候开始反常，冬天缩短，该冷的时候不冷，甚至变得温暖起来时，这就不是什么好兆头了。

改变我们对“温暖”这个词语的正面感受的，应该就是温室效应了。

我们都知道，地球的温度来自太阳，太阳辐射穿透大气层到达地面，给地球增温。加热后的地面会发射红外线来释放热量，而红外线被温室气体吸收，热量就保留在地面附近的大气中，从而造成温室效应。

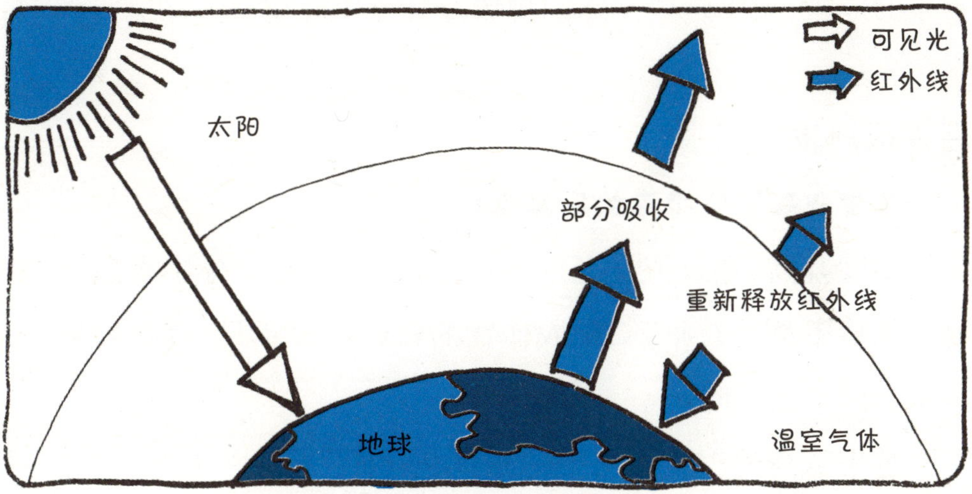

形成温室效应的一个关键点就是温室气体，它就像个大锅盖一样，把红外线扣在地球表面，让它的热量散发不出去，地球才会变得越来越热。

温室气体

温室气体种类繁多，数二氧化碳的名气最大了。

二氧化碳原本只是自然界的植物进行光合作用时产生的，随着人类工业的发展，煤炭、石油燃料的使用，二氧化碳的释放量急剧增加，近 10 年的排放量就增加将近 30%。

此外，甲烷、氯氟烃、一氧化碳、臭氧等也属于温室气体。甲烷是从开采煤炭、牲畜粪便发酵等过程中产生的。

还有一些则是自然界原本不存在而被人类合成出来的气体，如臭氧层杀手——氟利昂。

这些温室气体是造成全球变暖的主要原因，要想遏制全球变暖带来的危害，减少这些气体的排放量是重中之重。

后果很严重

看看全球变暖带来的后果吧！

温度升高，导致依靠温度生存的植物开始“内分泌紊乱”，农作物自然也不例外。早熟，让农作物的颗粒灌浆不足，直接后果就是产量和质量的下降。

越来越高的温度也会使冰川融化，海平面不断上升，一些岛屿和陆地被淹没。

不仅如此，全球变暖还会引起一连串反应，造成恶劣气候增加，导致热带疾病的疫情扩大。总之，一切都乱了套。

卡克鲁亚笔记

虽然地球的热量来自太阳，但是人们真正感受到的温度，实际上来自地表，也就是地表在吸收了太阳光后，反射出来的热量。这也是为什么一天中最热的时候并不是阳光直射的中午，而是午后两点，因为这两个小时刚好是地球吸收阳光并散发出来的时间。

空气污染后变坏的雨

即便你不是很了解酸雨这个概念，也知道它不是个好东西。

当空气被污染后，那些糟糕的颗粒向上飘去形成了雨，雨也就跟着被污染了。一个小于 pH5.6，看起来轻飘飘的数字，却预示着酸雨的到来。

别以为下酸雨时，你躲在屋里就没事了，瞧瞧那些从高空中滴落的酸雨，是如何对那些以为天上下雨不出门就没事的人给予恶毒的嘲讽的。

瞧，酸雨正在那儿自夸呢：“看我放大招！”

▶第一招

外围攻击。腐蚀建筑物和雕像，什么艺术品，什么你的家，在我这里都是摧毁对象！

▶第二招

直接攻击。严重破坏人类的呼吸系统，引起哮喘、干咳、头痛等病症。

▶第三招

远程攻击。污染淡水生态系统，让人类和牲畜没有水喝，当然，你也就没有肉可吃了！

▶第四招

留下隐患。先给地表植物点颜色看看，然后把“重磅炸弹”留在土地里，使土壤酸化，破坏陆地生态系统的平衡。

天哪，怎么感觉招招致命呢！

酸雨的危害这么大，那它是怎么形成的呢？

它是因为人们在快速发展工业文明的同时，却没有顾及自然而造成的！人类活动造成的酸雨成分中以硫酸最多，然后是硝酸、盐酸，此外还有有机酸。

就拿硫酸来说吧，主要是由于燃烧矿物燃料造成的，那些发电

厂、钢铁厂、冶炼厂等，自然就是重要的源头了。

唉，人类真是自食其果啊！

你不知道的

英国是工业革命的始发地，新的工业和新技术使人们的生活更加便利，但是人类付出的代价也可谓惨重。18 世纪，英国的烧碱工业占据主导地位，玻璃和肥皂的生产都要用到烧碱。烧碱工业会排放氯化氢气体，这种气体是形成酸雨的成分之一。

雾霾之祸

不知道从什么时候起，雾霾这个大怪物竟然成了很多城市的“长住客”，隔三岔五就有这个家伙的消息。有些城市倘若有一阵子见不到它，简直都可以兴奋地庆祝一番了。

如果仅仅是能见度的问题，那么我们可以咬牙忍一忍。但是这家伙的真正意图，远比让你看不清要邪恶得多。

雾霾的自白

各位，我就是当下最火的雾霾。瞧瞧我这频频出镜的曝光率，怎么样，不比这个世界上的任何一个大明星逊色吧？

如果你想出门散步，那你可要小心了，因为有我在的日子，出门可不是件惬意的事。

别看我叫“雾霾”，其实“雾”和“霾”还真不是一种东西。如果只有“雾”这家伙出现，充其量还真就是能见度的问题。怎么，这个不好理解？那我就问问你，见过天上的云吧？“雾”这家伙其实就是空中的云，换而言之，如果你能来个云中漫步，也就和走在雾里是一回事。

所以雾就是由一些悬浮在空气中的小水滴，或者是小冰晶组成的。而“霾”就不那么简单了，霾是由空气中的灰尘、硫酸、硝酸等颗粒物质组成的。怎么样？有点明白了吧。这就是说，雾还是比霾干净很多的！当然，这要看雾里的水滴是否被污染，倘若雾里的酸超标，那么这个“酸雾”可是比酸雨还要厉害的家伙了。关于这一点，你们的博士不是曾经带你们在《毒蚀地貌的杀手——酸雨》里仔细研究过了吗？那里有足够多的解释了。

虽然“雾”和“霾”都会导致能见度降低，但是还是有些差别的。“雾”能让一千米之内的能见度降低，而“霾”则是一千米到一万米之间！怎么样？谁更厉害，你心里有数了吧。

既然“雾”就是低空的“云”，那么它出现的时候，空气湿度自然也很大，能达到 100%，或者接近这个标

准。不过正常的雾是可以随着时间而变化的，比如早晚的时候，雾气会重一些，白天就会减轻，甚至消失。

“霾”出现的时候，空气湿度就没有那么大了，多在90%以下。和“雾”相比，“霾”还真是挺“随便”的，因为它完全不管是清晨还是傍晚，白天还是夜里，只要它想出来，就随时出来。

至于颜色的问题，“雾”多是乳白或青白色，而“霾”则大多是黄色或橙灰色。

雾霾从何而来

雾霾的“出身”那可是大有来头。

雾霾形成离不开一个叫作“气溶胶”的家伙。简单地说，就是在空气中分散、悬浮的那些固体的、液体的小微粒形成了胶体分散体

系，也被叫作气体分散体系。这些微小的固体和液体，大小在 0.001 微米到 100 微米之间。

这么说你还是不明白？那么来点具体的。空中的云、雾、尘埃，还有各种人类生产、生活形成的烟，当然还有采矿，甚至粮食加工时产生的固体粉尘，这些统统都是气溶胶。

这么说，你是不是想起了什么？的确，就是之前曾经讲过的PM2.5，这家伙就是直径小于 2.5 微米的气溶胶。

人类起名字总是有一定原因的，既然叫气溶胶，都有个“胶”字了，那么这家伙的作用肯定也是把什么和什么粘起来。的确，它能把空气中悬浮的污染物粘在一起，形成一个大的污染体，于是雾霾就此诞生了。

至于何为“雾”，何为“霾”，肉眼还真是很难区分。这要结合天气背景、天空状况、空气湿度、颜色和气味，甚至卫星监测等多种因素综合分析判断，才能得出正确的结论。

总之，“雾”和“霾”是捆绑在一起了，也算是“强强联合”，反正那个原本可以洁身自好的“雾”，彻底被“霾”给拉下水了。

“雾”“霾”不是新东西

了解了雾霾的情况后，你是不是有些向往古代的空气了呢？那时候没有现代化的工业生产，应该就没有这家伙的安身之地吧！

如果这样想，那你就大错特错了。古代也有“雾”和“霾”，否则从哪里来的这个“霾”字呢？有一首叫作《咏雾》的古诗中描述道：“从风疑细雨，映日似浮尘。乍若转烟散，时如佳色新。”诗中的“浮尘”就说明了“霾”的存在。

古代的气候记载中，关于“霾”的文字记载并不多，仅有的一些记录中，介绍了“霾”大多发生在冬季和春季，大都伴随着风。“霾”会让人看不清东西。古人对“霾”的描述有这样一些词语，如灰雾、飞土、阴暗、混沌等。不过，那时候的“霾”极少出现在静稳的天气条件下，也很少和雾一起出现。

也就是说，古代的“雾”和“霾”是两种东西，但是没有这两者合作产生的“雾霾”。

卡克鲁亚笔记

静稳天气指的是距地面比较近，风速比较小，大气环境稳定的一种大气特征。静稳天气指数是判断大气污染物扩散的重要条件，静稳天气指数越大，出现大气污染的可能性越大，大气被污染的程度也越严重。

虽然古代就有“霾”，但是无论是外表还是内里，古代的“霾”和现代的“霾”，都有着很大的差别。

古代的“霾”是由灰尘等颗粒物组成的，而雾是由水组成的。古代的“霾”不是高危害天气，也并不是广泛的、大规模暴发的天气现象。而现代,通过对“霾”的近几十年的观察,霾日与雾日的比例由以前的1∶3,变成了现在的1∶1。这说明霾的出现已经越来越频繁,逐渐进入盛行期。

雾霾这家伙并不会单独袭击一个地方,如果你所在的城市遭受到它的袭击,那么其他一些城市也会深陷雾霾。

有数据显示,2013年,雾霾侵袭了中国的25个省,100多个城市。环保部的调查结果表明江苏、北京、浙江、安徽等省市,2013年1月的平均雾霾天数为23.9天、14.5天、13.8天和10.4天。

远离雾霾

PM2.5能轻易进入人体的呼吸道和肺叶中,长期下去会引起呼吸系统、心血管系统、血液系统、生殖系统的疾病,比如咽喉炎、肺气肿、哮喘、鼻炎、支气管炎等病症。此外,还会大大降低能见度,从而引发交通事故等。

雾霾真是太可怕了！我要躲得远远的！

哪有那么简单！如果不控制工业以及人们生活排放的污染物,躲到哪里都逃不过这家伙的手心。

难道雾霾就真的没有对手了吗？

大自然还是有着稀释能力的,比如冷空气、风、雨、雪、太阳等是可以驱散雾霾的。

大风可以驱散雾霾,因为大风加强了空气的流动,污染物就不

会待在一处，越积越多了；降雨能把空气中的脏东西带到地面，让空气变得干净、清新。

仅仅依靠自然的力量还是不够的，我们人类也要更加努力。

▶第一，治理工业污染，建立健全 PM2.5 监测体系。

▶第二，坚持使用清洁能源，控制煤炭的燃烧，减少污染物的排放量。当然，控制机动车尾气的排放，淘汰那些落后、高污染的汽车，也是必须要做的。

▶第三，制定应对污染天气的策略，完善相关法律法规。

这些治理的措施看上去也算是海陆空全方位、多角度的作战方针了，但是即使是再全面的策略，也不是短时间内就能奏效的，那么当雾霾天气出现时，我们该怎么办呢？

小口罩的大作用

▶就我们普通人来说，有雾霾天气的时候，尽量少开窗户，如

果要开窗，也要等太阳出来后再开。

▶外出要戴上口罩，防止粉尘颗粒进入体内。

▶要多多补充维生素，因为雾多，日照少，人体就会缺少维生素。另外，那些有呼吸道和心血管疾病的人应尽量少出门。

雾霾来了，究竟能不能出门呢？

还是先看看空气质量指数，也就是 AQI再说。之前曾经讲过，AQI的不同程度是使用不同颜色来区分的——绿、黄、橙、红、紫、褐红色，污染指数依次上升，也就是说绿色最好，褐红色污染最严重。当 AQI的颜色达到橙色以上时，儿童、老人及心脏病人、呼吸系统病人，就要减少户外活动，或者尽量不出门了。如果 AQI的颜色达到红色以上，一般人也要减少户外活动。如果 AQI 的颜色达到紫色和红褐色，还是不要出门“自杀”为妙。

如果必须出门，最好还是戴个“防毒面具”——口罩。虽然这个小东西不可能百分之百地阻隔被污染的空气，但还是可以大大降低污浊空气对身体的损害的。

如何选择口罩

自从雾霾这家伙嚣张跋扈以来，口罩也变成了热销货。要知道，从前人们可是很少用到口罩的，除非是工作的需要，比如灰尘、粉尘大的环境，气味不好的环境，医生和食品加工的从业人员等。在寒冷的地区，冬天也有很多人戴口罩，但那也只是为了防寒。

说到这里，是不是那个狂妄的雾霾要跳出来说，看看我对你们人类也是有帮助的，至少给口罩创造了一个大市场！

我们还是来看看口罩那些繁杂的种类吧！

市面上的口罩基本就是棉纱布口罩、医用外科口罩、活性炭吸附式口罩和 N95 口罩。那么究竟该如何选择呢？

先从这些口罩的特点入手，看看哪种口罩适合在雾霾天佩戴。

▶纱布口罩

优点：可以重复清洗。纱布口罩不但厚实，而且吸汗，价格便宜。

缺点：防护效果比较差。对于城市空气中的颗粒物和细粒子，大的颗粒它还能阻挡住，但是直径小于 5 微米的颗粒物，简直就是畅通无阻！所以它还是主要用来保暖，阻止冷空气。

▶医用外科口罩

优点：透气、防尘、轻便，对细菌、病毒的抵抗能力较强。可以避免喷溅液体接触到口腔和鼻腔，用来预防流感。

缺点：能够阻挡 PM3 以上的颗粒物，但是对于 PM2.5 以下的颗粒物就无能为力了。医生手术时会戴上三层这样的一次性口罩，而日常生活中的我们，大概不会这么做。医用外科口罩阻隔颗粒物的程度大约等于 30%，对细菌的阻隔能达到 95%以上。

▶活性炭吸附式口罩

优点：能有效阻止 PM5 以下的颗粒物，并有效阻隔苯、氨、甲醛等有害气体，比普通口罩有更强大的吸附性。

缺点：主要用来防护刺激性气体，对阻止 PM2.5 以下的颗粒物作用有限。活性炭吸附式口罩的独特之处在于，在颗粒物防护口罩上覆盖了一层薄薄的炭材料，用来吸收有异味的气体，比如腐败物质发出的臭味。

你是不是也觉得这个口罩更适合法医或环卫工人呢？

▶N95 口罩

优点:能有效阻挡 PM2.5。

缺点:使用前需要进行佩戴训练以及密合度测试。既然都能挡住 PM2.5 了,呼吸起来肯定是有些阻力的,戴着这家伙可能不够舒适。

佩戴 N95 口罩的步骤:

(1)把口罩的头带拉松,这样戴着就不会不舒服了。

(2)有金属条的一侧向上,对准口鼻戴上口罩。

(3)把两侧的松紧条挂在耳朵上,可以调整一下口罩的位置,让它既舒服,又紧贴脸部。

(4)测试一下,用双手遮着口罩,用力呼吸,确定没有空气从口罩边缘进入就大功告成了。

大家还记得2003年的非典时期吗?那时候,N95口罩真是风靡市场,甚至是一“罩”难求呀! 那是因为N95口罩有独特的技能哦! 对人体造成伤害的微小颗粒都是10微米以下的,尤其以2.5微米颗粒物最为严重,而N95口罩能阻挡0.1至0.5微米颗粒物,阻挡PM10、PM2.5当然不在话下了。所以N95口罩一推出,就迅速获得大家的喜爱,成为市场上的宠儿。

N95口罩真不错,虽然佩戴起来有些麻烦,但是为了阻挡雾霾,还是很有必要佩戴的。

卡克鲁亚笔记

虽然在雾霾天气外出,戴口罩很有必要,但是那些为了防污染而将一摞口罩罩在嘴上的行为实在不可取。因为口罩并不能提供氧气,这样会阻碍人体正常呼吸。戴了如此厚的口罩,人就必须用更多力气来呼吸,才能保证获得足够的氧气。而一些呼吸能力弱的老人和小孩,就会因此而感到不舒服。老人和小孩最好选择戴医用口罩。

小心佩戴口罩

虽然戴口罩可以阻挡细菌和雾霾,但还是要注意一些事情,否则反而会给自身健康带来危害。

冬天,人们为了防寒戴口罩,呼出的气体留在口罩上,遇到冷空气就会变成水,导致口罩外面湿湿的,甚至会冻上一层“小冰层”,

这会让人很不舒服。同时，棉布口罩还会让呼吸道病人的呼吸更加困难，所以心脏病、肺气肿、哮喘患者以及孕妇还是不要长时间戴棉布口罩为好。

其实人的鼻黏膜是可以对冷空气加热的，而且人的鼻腔比较曲折，冷空气兜兜转转，这一路下来，冷空气也暖和了不少。

虽然 N95 口罩很不错，但要记住，这家伙可是专门在雾霾天气使用的，平时就算了吧。而且要注意，如果戴 N95 口罩时感到气喘、头晕，就要马上摘下来，可不要为了防止雾霾而造成窒息，这可就亏大了。因为对于老人和儿童来说，在他们呼吸微弱、心肺功能不好的时候，缺氧带来的害处可能远远大于颗粒物，所以大家千万不要因小失大哦！

另外，戴口罩一定要注意个人卫生。不要只想着雾霾，却让细菌在口罩上繁殖，那我们可真是得不偿失了。

自从雾霾肆虐以来，家用除 PM2.5 的空气净化器也火爆于市场。其主要分为滤网过滤净化器和负离子空气净化器两大类。这两类空气净化器针对空气中的颗粒物，主要应用了滤网过滤和负离子主动出击净化的方式。滤网过滤净化器通过内置的滤网过滤空气，能够起到过滤粉尘、异味、有毒气体和杀灭部分细菌的作用。但是有一些微细的粉尘，尤其是小于 3 微米的粉尘，就会从滤网的网眼中穿过去，无法有效消除 PM2.5 的危害。而负离子空气净化器通过负离子能够主动出击，寻找空气中的污染颗粒物，并与其凝聚成团，将其沉降。

可怕的空气污染惨剧

一拨拨的空气污染向人类袭来，随着污染的加剧，一些由污染导致的惨剧发生了。虽然这些让人看了很不舒服，但是为了让大家对空气污染有一个更深刻的认识，我们还是把这些展示给大家吧！

马斯河谷事件

提起比利时，你会想到什么？是美味无比的巧克力，还是那个留着小胡子，矮矮胖胖的大侦探波罗？是的，比利时有着很多美食和故事，但是这些却因一个事件而蒙羞。

比利时的马斯河谷因马斯河而得名，这个河谷一共有 24 千米长，两侧山高近百米。在这个狭窄的盆地中，坐落着整整 13 座工厂，炼焦厂、炼钢厂、发电厂、玻璃制造厂、炼锌厂、硫酸制造厂、化肥工厂等，都能在这个并不是很大的河谷找到。

这些可都是重污染的工厂啊！

1930 年 12 月 1 日，一场大雾笼罩了整个比利时，这可不是个好现象。更雪上加霜的是，在马斯河谷还出现了逆温现象，雾层变得更加浓厚了。

在逆温和大雾的作用下，马斯河谷内 13 座工厂排放的烟雾聚集在河谷上方，无法扩散。烟雾中的二氧化硫及其他几种有害气体、粉尘等在河谷上方越积越厚，然而那里的人们却丝毫没有觉察出危险的到来。

12 月 3 日，这一天雾最大。雾蒙蒙的河谷像一个人间地狱，很快就有数千人患上呼吸道疾病，出现了胸痛、咳嗽、流泪、咽痛、声嘶、恶心、呕吐、呼吸困难等症状。之后病情不断蔓延，短短一个星期，就有约 60 人死亡，死去的人多患有心脏病和肺病。

马斯河谷烟雾惨案的发生，与地形和气候有着密不可分的关系。

从地形上看，马斯河谷位于狭窄的盆地，空气流通本来就不顺畅。而气候上，逆温现象使雾变大，工业污染物大量积累，达到有毒级别。

事实上，马斯河谷地区之前就发生过类似的气候反常现象，然而大自然的预警却没有引起人们的足够重视，这也最终导致了马斯河谷事件的大爆发。

大侦探波罗能侦破“尼罗河惨案”，但面对故乡的马斯河谷烟雾惨案，想必也只能无奈地发出叹息了。

卡克鲁亚笔记

大气的对流，通常是气流上升越高，气温越低。但当发生逆温现象时，就会出现低层空气温度比高层空气温度低的现象。这种逆温现象会阻碍烟雾升腾，让大气中的烟尘一直聚集在一起，无法散去，从而造成大气污染现象。

多诺拉烟雾事件

历史总是惊人的相似。无独有偶，马斯河谷惨案发生后，在美国的多诺拉也出现了相似的悲剧。

多诺拉是美国宾夕法尼亚州的一个小镇。原本宁静、与世无争的小镇，在 20 世纪 50 年代，也踏上了快速发展的道路。镇上开了硫酸厂、钢铁厂、炼锌厂等多个工厂，跟马斯河谷一样，这些工厂黑压压地挤在一起。工厂的烟囱不断地向空气中排放废气，时间久了，镇上的居民竟然对空气中的异味习以为常了。

多诺拉位于一个马蹄形的河湾内侧，两边的山丘有 120 米高，看起来和马斯河谷的地形很像。不过还有更像的，那就是这里也出现了逆温现象。

1948 年 10 月 26 日到 31 日，因为多日的大雾天气，位于山谷的多诺拉又没有一丝风，空气不再流动，逆温现象悄然而至。然而人们还是茫然不觉，多诺拉的工厂仍在运转，空气中的烟雾越来越浓，到处都是刺鼻的气味。

很快，小镇上近 6 000 人开始发病，出现眼睛痛、咽喉痛、流鼻涕、咳嗽、头痛、胸闷、呕吐等症状，最后，这场悲剧让 10 多人付出了生命。

这一事件和比利时马斯河谷烟雾事件一样，都是由于工业排放烟雾造成的大气污染公害事件。

洛杉矶光化学烟雾事件

说完美国的小镇，我们再把镜头对准美国的现代城市洛杉矶吧！

洛杉矶是美国第二大城市，又被称为“天使之城”。但你知道吗，污染竟然也一度让这里成了索人性命的“魔鬼之城”。

位于美国西海岸的洛杉矶，西面临海，三面环山，气候温暖，终年阳光明媚。就是这样一个环境优美的地方，竟然也出现了严重的空气污染事件。

19 世纪中期兴起的淘金热，吸引了大批移民到此生活。到了19世纪末 20 世纪初，石油的发现让洛杉矶迅速崛起，成为美国西部的最大城市。经济飞速发展，人们的生活水平大大提高，作为代步工具的汽车也越来越多。1940 年，洛杉矶就已经有 250 万辆汽车了。

随着好莱坞的崛起，先进的技术和影视明星使这个城市显得更加华丽、迷人。

然而这些象征着富有和潇洒的汽车，每天要消耗约 1 100 吨汽油，排放出 1 000 多吨碳氢污染物。同时洛杉矶还有大量为汽车工业服务的工厂，在“轰隆隆”地热火朝天地工作着。这些炼油厂、供

油站排放的污染气体，都在阳光明媚的洛杉矶上空飘荡着。

正当人们沉浸在“天使之城”的幸福之中时，从 20 世纪 40 年代开始，从夏季至初秋，只要是晴朗的日子，洛杉矶上空就会出现一种浅蓝色烟雾——光化学烟雾。这种烟雾让人眼睛发红，嗓子疼痛，呼吸不顺畅，头痛。这种情况愈演愈烈，终于在 1952 年 12 月，发生

卡克鲁亚笔记

工业、汽车业发达的城市都有可能出现光化学烟雾，主要的形成源头是汽车尾气和工业废气。光化学烟雾一般发生在温度为24℃到32℃的晴朗夏季的中午或午后。当然，自然原因也会产生光化学烟雾，就如我们之前讲到的，半山腰的森林上空的雾。

了光化学烟雾事件。在这次事件中,有 400 多位 65 岁以上的老人死亡。1955 年 9 月,又有 400 多人因光化学烟雾死亡。

雾都伦敦

英国的首都伦敦是欧洲第一大城市,世界著名的旅游胜地。从大本钟到伊丽莎白塔,从白金汉宫到英国国家博物馆,古老的建筑、悠久的历史,都是人们喜欢它的理由。

"雾都"听起来似乎很神秘、很浪漫,但是这雾还真不是个好东西,它曾经让生活在这座城市的人们,短时间内就死亡数千人。

让我们回到 20 世纪 50 年代的泰晤士河河谷地带。那时候的伦敦主要依靠煤炭供暖、发电,1952 年 12 月正值伦敦的冬季,悲剧已悄然发生。

从 12 月 5 日开始，伦敦一连数日没有风吹过，空气不流通。煤炭燃烧产生的二氧化碳、一氧化碳、二氧化硫等污染气体和粉尘组成的大雾悄悄弥漫开来。它们在伦敦上空聚集，导致能见度极低。

很快就有市民，尤其是老人和儿童开始感到呼吸困难、眼睛痛、咳嗽，生病的人大量增加，死亡率快速增长。从 12 月 5 日到 12 月 9 日，伦敦市的死亡人数竟然上升到 4 000 人。12 月至次年 2 月，短短两个月的时间，又有约 8 000 人因大雾引发疾病而死亡。

卡克鲁亚笔记

1952 年，伦敦“杀人雾”造成的重大影响引起了民众和政府的注意，人们终于行动起来，在 1956 年制定了《英国洁净空气法案》，这是世界上第一部空气污染防治法案。

日本四日市事件

位于日本东部海湾的四日市，原本以纺织和陶瓷工业为主，后来由于四日市临近大海，交通便利，又有石油产业，于是这里的石油工业迅速发展起来。

1955 年，四日市建成了十几家石油化工厂，与石油工业相生相

因连续三天浓雾不散患上哮喘的人们

伴的二氧化硫和粉尘也开始大量出现。从此以后，原本晴朗的天空变得混沌，整座城市常年黄烟弥漫。

6 年之后，也就是 1961 年，这里因呼吸系统生病的人越来越多。到 1964 年，四日市出现持续 3 天的浓雾，重症哮喘病人开始死亡。在 1967 年，一些哮喘病人由于在污染的环境中生活太痛苦，决定自杀。1970 年，四日市哮喘病人已经有 500 多人，10 多名哮喘病人在病痛的折磨中去世。1972 年，四日市确诊的哮喘病人达到了

严重的哮喘病患者开始死亡！

817人。

一般来说，患哮喘病主要是由于家族遗传因素和对室内尘埃过敏。然而室内尘埃和遗传因素却并不是造成四日市哮喘病泛滥的原因，因为很多新患上哮喘的病人只要离开四日市的污染环境，症状就会得到明显改善。不言而喻，空气污染才是让四日市的人们罹患哮喘病的元凶。

你不知道的

哮喘病人的病症与二氧化硫有着十分密切的联系，也就是说二氧化硫是导致哮喘的重要原因。当年，四日市的石油冶炼和工业燃油所排放的二氧化硫和粉尘，每年足有13万吨。大气中所含的二氧化硫，超出正常标准的5到6倍。这种特殊的哮喘后来被定名为“四日市哮喘”。

高高在上的臭家伙

氧,我们都很熟悉,因为我们的生活离不开它。由于近些年的环境问题,我们也开始对臭氧的名字熟悉起来。氧和臭氧究竟是什么关系呢?

氧是两个"O",而臭氧则比氧多一个,是三个"O"。这两个家伙都是由氧原子构成的。怎么样,还真是兄弟吧?

远在天边,近在眼前的臭氧

臭氧之所以叫臭氧,还真是因为味道是臭的。这家伙在空气中的含量并不高,但是如果没有它,地球上的生命也许就会消失,当然也包括我们人类。

如果想知道臭氧在哪里,我们就要飞入大气层去看看了。就在那个飞机喜欢飞行的地方,我们见到了很多臭氧。说很多,一点都不过分,因为地球上90%的臭氧都在那里。

你一定很好奇,那另外的10%在哪里呢?

当然就在我们的周围了。从汽车尾气到燃烧石油、煤炭等,都会通过化学反应产生臭氧,还有一点很重要,臭氧还是光化学烟雾的主要成分。

从遥远的平流层到我们身边,这家伙的分布还真是远在天边,近在眼前呢!

臭氧是在 1840 年,被德国化学家舍恩拜因发现并命名的。臭氧真是“人如其名”,在常温状态下,它是一种淡蓝色,散发着特殊臭味的气体。

千万别小看这个臭臭的家伙,它可是能够杀菌的。臭氧之所以能够杀菌,是因为它能氧化分解细菌内的酶,使细菌死亡。如果这种方法杀不死细菌,那么臭氧还有第二招——破坏细胞的 DNA、RNA,致使细菌死亡。如果这还搞不定,那么它就要亮绝招了——侵入细胞内,让细胞畸变,然后溶解。怎么样,这招够狠吧?

虽然臭氧能杀菌,但是地表臭氧达到一定浓度后,就会给人类,甚至动植物的生存带来极大的威胁,因为它也是导致光化学烟雾和温室效应的重要因素。

然而,臭氧却依然是地球的保护伞。这家伙到底是“毒药”,还是“救星”呢?这就取决于臭氧存在的位置和它的浓度了。

卡克鲁亚笔记

在1785年的德国,使用电机时总是伴随着一种异味,尽管人们觉得奇怪,但还是不明就里。直到1840年,德国科学家舍恩拜因才弄清楚,原来是臭氧在作怪。此后,科学家发现了臭氧的杀菌能力,并广泛用于牛肉保鲜。我们能吃到新鲜、美味的牛肉,臭氧功不可没。

地球保护伞

说到保护地球,就要从臭氧吸收紫外线说起了。大气的平流层中含有90%的臭氧,这些臭氧组成了臭氧层。臭氧层吸收了来自太阳的99%以上的紫外线。要知道,紫外线对人体的伤害很大,经过臭氧层的控制,到达地球的紫外线才不至于让地球上的生命受到大量紫外线的伤害。

紫外线的危害

既然都说到这里了,如果不说说紫外线对人类的危害,又怎么能显出臭氧层的功劳呢！

人体的很多疾病都与紫外线有着极大的关系，比如晒斑、眼病、免疫系统问题、皮肤病等。大气中的臭氧每减少1%，细胞癌患者就会增加约4%，皮肤癌患者增加5%到7%。科学研究还发现，紫外线会使免疫系统功能发生变化，免疫力下降的后果就是有点风吹草动，人就抵抗不了，马上就生病了。

紫外线导致的最直接疾病就是皮肤病，所以臭氧减少就会导致人们罹患皮肤病的概率变高。紫外线的侵害还能导致麻疹、水痘、结核病、淋巴癌等疾病。

看来夏天涂防晒霜还是有道理的。

紫外线伤害的不仅仅是人类，地球上的生物它都不会放过。海洋生物，也包括那些人类的美食——虾、鱼、贝类等，都无法抵御过多的紫外线，大量的紫外线会让海里的生物大量死亡，甚至导致物种灭绝。

紫外线照射还会导致动物的视力下降，比如兔子、羊、猫、狗等各种小动物。

这些还不算完，紫外线的增加还会影响光合作用，这对植物来说，简直就是灭顶之灾！

卡克鲁亚笔记

如果臭氧层这个“防护罩”消失，紫外线就会毫无阻拦地来到地面，那时候的夏天将会比现在炎热50倍。只需几分钟，树木就会被全部烧焦，所有的生物都会被杀死，地球将会变成一片焦土。

臭氧层危机

阻拦紫外线的臭氧层竟然出现了空洞？

臭氧层空洞说的是平流层中的臭氧层某一部分浓度减少，从而形成空的区域。英国科考队于 1985 年首次发现臭氧层空洞，地点在南极的上空，此后臭氧层的每一点变化，都会引起人们的关注。

到 2000 年，南极臭氧层空洞最大，面积足足有两个中国那么大。

纬度越高的地区，臭氧层破坏越大。地球上的两极——南极和北极纬度最高，这也是在它们上空会出现空洞的原因。

经过科学家的研究，发现氯氟烃竟然是臭氧杀手。说氯氟烃，恐怕很多人都是一头雾水，但是倘若说它的商品名——氟利昂，恐怕就没有人不知道了。它总是被用来制造制冷产品、发泡产品、清洁产品，在人们的日常生活中被广泛应用。从家电、泡沫、塑料、日用产品到化学用品等，到处都有它的身影。

有一点要特别说明，氟利昂并不是自然界原本存在的物质，而是货真价实的由人工合成的化合物。

从 20 世纪 30 年代到 90 年代，短短的几十年里，人类就生产了

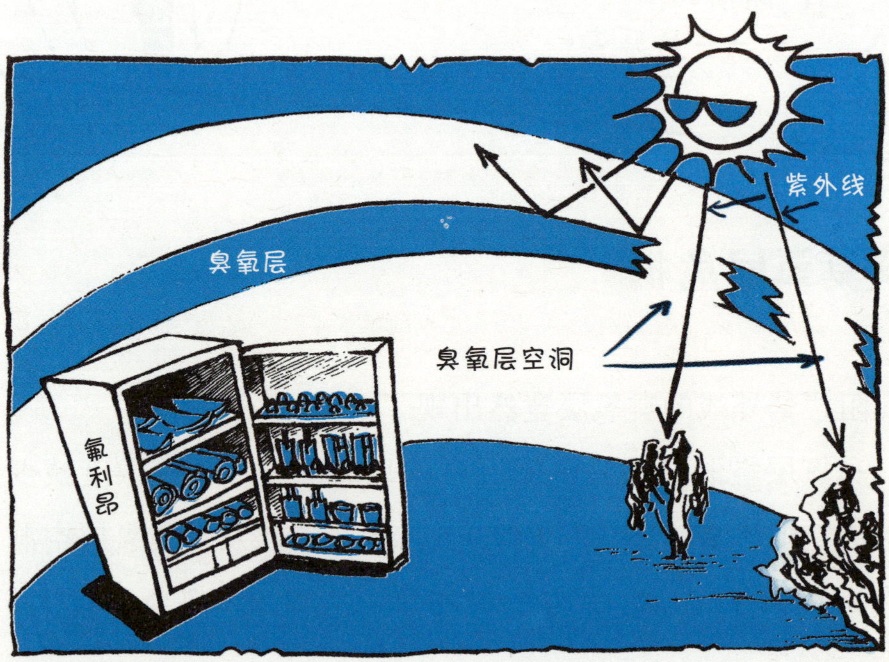

1 500万吨氟利昂。它日复一日、年复一年地对臭氧层实施着破坏。更可怕的是，它竟然还是个“老寿星”，在大气中的寿命可以达到数百年。

尽管对流层里的氟利昂没那么可怕，但是平流层里的氟利昂会和臭氧发生反应。一个小小的氟利昂分子，能毁掉10万个臭氧分子。氟利昂的破坏能力实在太惊人了！

如果我们不尽快采取措施，那么臭氧层空洞将会越来越大。

现在全世界都在为了保护臭氧层而努力。大家开始研究氟利昂的替代物质，并不断更新技术，淘汰消耗臭氧的物质。

针对保护臭氧层，欧盟国家对相关产品的生产采用了强硬的法律措施，违反规定会被进行严厉的处罚。

一些国家对破坏臭氧的行为征收税费，然后把这些钱作为研究保护臭氧的经费。

一些企业和民间团体也积极组织各种活动，鼓励生产者

和消费者少生产、少使用消耗臭氧的材料和产品。

你不知道的

1840 年，德国化学家发明了臭氧灭菌的方法，1856 年被用于水处理消毒行业。目前，臭氧已被广泛用于水处理、空气净化、食品加工、医疗、医药、水产养殖等领域。水果、蔬菜的运输、储藏一直是件麻烦事，一旦处理不当，会带来很大的损失。而利用臭氧技术，可以大大延长果蔬的保鲜、贮存时间，继而扩大运输范围。

给大气添"佐料"的人类

人类近两百年科技突飞猛进，却无端地给空气带来了很多可怕的新污染物。谁都无法否认，人类工业的迅速发展，导致了大量污染物的排放。

现在，我们就来细数一下，人类到底给大气添加了多少"佐料"。

大工业带来的麻烦

工业真是让人又爱又恨，因为没有它，就没有现在的优越生活，可是有了它，环境又遭到了污染。

▶氢氧化物是一个隐形的家伙，肉眼是无法看到的。它多是机动车燃烧燃料的时候所排放的，能引发呼吸道疾病，发生化学反应，形成有毒物质。它是酸雨的形成者之一，还能让雾霾变得更严重。

▶悬浮颗粒能让空气的能见度下降，是工厂排放废气和汽车尾气等造成的。它会让人患上呼吸道疾病，造成雾霾，加重酸雨危害。

▶铅，带有蓝色的银白色物质，耐硫酸腐蚀。它能对大脑和神经系统造成巨大伤害，还能伤害肾脏和肝脏等器官。特别是儿童和孕妇，非常容易铅中毒。它还能深入土壤或水源，潜藏在鱼体内，人吃了这种鱼也会中毒。

▶一氧化碳是个无色无味，但却有毒的家伙，主要来源于汽车尾气和工业生产。一氧化碳能加重心血管疾病，损害神经中枢，当它和血红蛋白结合的时候，会导致人体缺氧，严重时甚至可以致死。

▶二氧化硫虽然无色，但却有着刺激性气味。火山喷发可以产生这种气体，很多工厂在生产产品的同时，也附带着生产了它。它是酸雨的大源头。

▶留在地面的臭氧。汽车尾气和工业废气等都可能导致它的产生。臭氧对呼吸道有刺激性，能损伤肺部，还能形成化合毒物，对人和动植物产生毒害作用。它也是雾霾的推手之一。

这些都是汽车尾气和各种工业废气产生的。

火力发电厂、钢铁厂、水泥厂和化工厂等耗能较多的企业是二氧化硫、二氧化碳、一氧化碳的“老家”。每当燃料燃烧，这些气体就顺着烟囱飘出“家门”，去广阔的大气中“闯荡江湖”了。

炼焦厂、化工厂、化纤厂等是酚、苯、烃类有毒物质的“老家”。它们的“老家”还有一个绰号叫“臭臭村”，因为从村子里面走出的成员大多具有刺激性、腐蚀性，而且闻起来臭臭的。

水泥厂、玻璃厂、沙子厂等则是矿物、金属粉尘的“老家”。

这些种类多、花样新的污染气体和颗粒进入大气后，再随着呼吸进入我们的体内。这些废气也可分成两类——急性和慢性。急性

的会快速对人造成伤害，效果十分明显，它们一般都聚集在工业区和人群附近。而慢性的则是一点点地影响人类，它们偷偷地“藏”在大气的各个角落。慢性危害不容易察觉，但是如果不重视，最终每个人都会中招。

交通工具的副产品

刚刚对那些污染物来源的介绍早已表明，现代化交通工具的排放物更可怕。

人类享受着汽车、飞机等交通工具带来的便利，也知道交通工具运行中会造成环境污染，危害身体健康。

它们排放的废气主要含有一氧化碳、氮氧化物、硫氧化物、铅、

苯并芘等，实在太多了。

你是不是又想起那个光化学烟雾事件了？

虽然飞机高高在上，我们很少能“一睹芳容”，但它也不是个“省油的灯”。飞机在飞行中主要排放二氧化碳和水蒸气，而飞机排放的水蒸气对环境有双重危害，既含有黑色尘埃，又含有硫。

“私人游戏”的危害

香烟

根据 2014 年统计显示，中国吸烟人数已超过 3 亿，每年吸烟导致患病人数近 100 万。吸烟不仅会危害吸烟者的健康，飘出的烟雾，也就是二手烟，被不吸烟的人吸入，危害更大。

由于香烟的烟雾颗粒直径小于 PM2.5，这些小颗粒可以轻松进入人体的肺泡中，然后永久地沉积下来。也许在未来的某一天，就会诱发癌变，仿佛一颗定时炸弹。

特别注意

吸烟除了对人体的健康产生危害，也会污染环境。一支香烟就能产生 90 毫克一氧化碳，135 毫克二氧化碳。2005 年，一共卖出去 19 328 亿支香烟，你能算出来，它们会产生多少一氧化碳和二氧化碳吗？

答案就是一氧化碳 17.4 万吨，二氧化碳 26.1 万吨。还是那句老话："珍爱生命，远离香烟！"

烟花爆竹

烟花虽然转瞬即逝，非常美丽，然而美丽的背后，则是"硝烟弥漫"的"战场"，到处都是呛鼻的气味和烟花爆竹的碎片。

逢年过节，店铺开张，大家都喜欢燃放烟花爆竹，增加喜庆的气氛。殊不知，烟花爆竹也是大气污染的重要原因之一。

烟花爆竹的污染之所以强大，是因为它们大多采用硝酸钾、硫黄、木炭加工而

成。这些东西混合在一起，一经点燃，就会释放大量的氮氧化物、二氧化硫、一氧化碳等污染气体，同时还会伴随着颗粒物，也就是我们经常提到的PM2.5。另外，燃放烟花产生的金属颗粒物还会与汽车尾气、工业废气发生一系列活性反应，让二氧化硫等污染气体变成小颗粒，产生二次污染。

每当烟花大量燃放的时候，附近的PM2.5浓度都会急速升高，变成平时的几倍甚至几十倍。遇到无风的天气，就更是雪上加霜了，有害气体无法随风飘散，聚集在一起刺激着人们的呼吸道，使人咳嗽、呼吸不畅。

可喜的是，现在很多人即使逢年过节也不燃放烟花爆竹了，而是改为燃放电子烟花了。

焚烧

除了吸烟和燃放烟花爆竹外，我们生活中的很多行为都对大

气产生了严重的影响，例如焚烧垃圾、烹饪食物、使用电器等。

焚烧垃圾、秸秆会产生有害气体；烹饪食物要使用燃料与火炉，燃料燃烧产生有害气体；家用电器有氟利昂，当然也会释放污染气体。

隐藏于室内的杀手

每个人一天之中，有一半以上的时间是在室内度过的，如果你是个学生，更是整天都在教室里度过。

但是你知道吗，你待的屋子有可能随时都在释放污染物。

室内装修释放的有害气体是导致白血病的一个重要原因。装修时如果使用了含有甲醛和苯等化学元素超标的装修材料，或是使用没有充分挥发出有害气体的装修材料，就会对身体健康埋下可怕的隐患。

甲醛污染是室内装修的最大威胁，也是出现最多的情况。

室内装修的第二个主要污染物则是苯，它是一种透明状，有着特殊香气的装修污染气体。如果人们长期生活在有苯的空间里，会导致中枢神经系统麻痹，血小板、红细胞和白细胞的生成减少，出现贫血症状。与甲醛相似，苯也具有极长的潜伏期。

这些易产生的装修污染物，一般集中在油漆、人工合成板、胶水、内墙涂料、劣质木家具、墙纸、石膏、劣质万能胶、发泡塑料等装修材料中。

为了我们的健康着想，一定要选择合格、环保的装修材料。另外，还要多开窗通风。

你不知道的

甲醛是一种无色、有刺激性气味和具有潜伏性的有害气体，长期吸入会导致癌症、胎儿发育畸形等严重后果，对老人、小孩及孕妇等身体抵抗力较弱的人群危害最为明显。甲醛有较强的潜伏性，不易短时间内挥发散尽，通常会“潜伏”十几个月乃至几年的时间。

别小瞧身边那点事

现如今，在这个雾霾时不时地在世界上“溜达”的时代，清新的空气可谓弥足珍贵。而那些污浊的气体倒是丰富而“坚强”，因为它们进入大气后，有时会存在上百年。

如此容易受到伤害的空气，当然需要仰仗我们这些靠它过日子的人的保护了，毕竟我们每时每刻都在呼吸。

森林——我们的空气净化器

森林是天然的氧吧，那里环境优美，空气清新。绿色植物是地球上唯一能利用太阳光合成有机物的好家伙，又是地球上二氧化碳的吸收器和氧气的制造工厂。

植物总是慷慨地给人类输送有益的气体，它们还是空气净化器，净化那些有害气体。在植物的净化名单里，有我们耳熟能详的二氧化硫、氯气和氟化氢等有害气体。尤其是大量树木组成的森林，就像一面细密的筛子，能够筛掉空气中的有害杂质。

植物的净化机制是通过植物的光合作用，把污染了的空气变为清新的、不含污染物的空气。

植物在一生中，总是与两种气体——氧气和二氧化碳打交道。虽然人类不太喜欢二氧化碳，但是植物却无所谓。

白天有阳光的时候，它们放出氧气，吸收二氧化碳。当夜晚来临，大家都休息的时候，它们换了个顺序，放出二氧化碳，吸收氧气。

你是不是觉得，这不是又把二氧化碳放出来了吗？

不必担心，经过计算，植物白天放出的氧气总是比夜晚吸收的多，相反，它们白天吸收的二氧化碳也比晚上放出来的多。所以植物们终究是释放氧气多的，这也就是当人们走在树林中，会感到空气新鲜的原因。

不同的植物能够吸收不同的有害气体。举个例子来讲，吊兰、芦荟有“植物清道夫”的美誉，它们能吸收大量的甲醛。而常青藤、铁树、菊花、石榴等植物，能够去除乙醚、汞蒸气、铅蒸气、一氧化碳等有害气体。

就连那些娇弱的花朵，也组成了“娘子军”。玫瑰、紫罗兰、茉

莉、蔷薇都有杀菌作用，甚至能够抑制结核杆菌、肺炎杆菌的繁殖。

提到放射性物质，大家一定都会因为它的大名而感到后背发凉。这些家伙可以放射出无形的射线，对人体健康造成破坏，严重情况下还会导致死亡。想想原子弹，想想核电站放射物质泄漏有多可怕，就不得不被它们的威名震慑。

一旦这个可怕的家伙遇到树木，就算是遇到克星了。树木可以阻隔放射性物质传播，同时还能吸收一部分放射性物质。

树木还是一层防沙罩。大风卷起沙尘，嚣张无比的样子仿佛恶魔一般，但遇到树林，它也只能乖乖地收敛，悄悄地溜走。树木能够阻隔大风，让风速减慢。而那些大风带不动的沙尘，一部分就会掉落在树木之中，树叶表面细细小小的茸毛能吸住小灰尘。随后只要

来一场降雨，树叶就会被清洗干净，而灰尘、沙子就会归入土地的怀抱，成为树木赖以生存的土壤的一部分。

树太有用了！春天来的时候，我也要去植树。

工厂废气排放要达标

我们已经意识到了工厂排放的废气危害有多大了，那么我们应该怎么做呢？难道我们要让这些工厂关门吗？那当然是不可能的。我们的生活中处处都离不开工业生产制造的产品，从汽车到桌椅，从身上穿的衣服到脚上穿的鞋子等，这所有的一切都离不开工厂。

怎样才能既不污染我们的空气，又能保证我们的生活质量呢？

完全阻止废气排放，当然不太可能，所以我们只能将废气的污染降到最低。

科学家们设置了一个时间段，在这段时间里只允许一定数量的污染气体进入大气。这样大气就会有时间自我净化，不会由于污染气体太多而被撑坏了“肚子”。这个方法既能保证我们的日常生活，又可以降低废气对空气的危害。

不同国家的废气排放标准是不同的，例如中国执行自己的标准，而欧盟执行另一套标准。这些标准清晰明白地给出了相关的范围，只要工厂按照这个标准执行，我们的空气就不会继续恶化下去。

怎样才能让废气的排放达到标准呢？

那就是工业领域的任务了。废气进入大气之前，甚至是从烟囱冒出来前，都要经过各式各样的环节，检验合格后才可以让它们排放到空中。

为了让废气达到标准，人们也算是煞费苦心了，研制出许多方法，例如活性炭吸附法、酸碱中和法、生物洗涤法等。有的工厂更是不惜下血本，兴建了废气处理塔。废气处理塔的效果也十分显著，用重重手段吸附、净化废气，让工业废气摇身一变，成为一个干净的好家伙。

公交出行是个好选择

交通工具排放的尾气也是污染空气、破坏臭氧的元凶之一。

出行的时候，多乘坐公共交通工具，少用私家车，可以减少污染的排放量。虽然它们都排放污染物，但是少开私家车，就可以减少上路的车量。这个不难理解，公交车的容量大嘛！如果公交车上每四个人坐一辆小轿车，就会多出十辆小轿车在路上行驶，多十份汽车尾气哦！

卡克鲁亚笔记

雨后那怡人的气味竟然还有一种叫作放线菌的细菌的功劳。它是一种典型的丝状细菌，成长在温暖潮湿的土壤中。土壤干燥时，放线菌会产生孢子。雨水的冲击和湿气使这些微小的孢子升到空气中，附着雨后空气里的湿气形成仿佛空气清新喷雾剂一般的气溶剂。潮湿的空气很容易携带这些孢子四处扩散，从而使我们吸入那带有泥土芳香的气味。放线菌存在于世界的每一个角落，总能让我们感受到雨后的清新气味。

你不知道的

雨后，漫步在街头或田野，会感到空气十分新鲜。那是因为倾盆大雨给空气洗了个“淋浴”，从而把空气中的灰尘冲掉了。还有就是因为在闪电发生时，发生了一场化学变化，空气中的氧气全变成了臭氧。浓的臭氧是淡蓝色的，相当臭，但是稀薄的臭氧一点也不臭，相反，还会给人以清新的感觉。

有法可依

虽然已经有越来越多的有识之士和企业加入到保护大气的行动中来，但是还是有一些企业利欲熏心，始终不肯改善企业的污染情况。

这该怎么办呢？

这时候就只能靠立法了。只有用法律做后盾，才能制约那些为了私利拒绝改善污染排放的企业和个人。

世界首部空气污染防治法案

1956年，英国制定了世界上第一部关于空气污染的法律，命名为《清洁空气法》。

这并不让人感到意外，因为英国是工业革命的发源地，当然也是现代工业污染的最先受害者。如果吃了那么大的亏，还不积极采取行动，恐怕到现在还是雾都呢！

这部《清洁空气法》的大概内容是：伦敦主城内的电厂全部关闭，转移到大伦敦区后进行重建，工业必须使用又高又大的烟囱，使空气污染物不在人们生存的底层大量聚集；改造城市居民家中的炉灶，新炉灶可以减少煤炭用量，更加环保。逐步帮助城市居民实现生活天然气化。

《清洁空气法》针对当时英国伦敦的环境问题，详细地制定了法律、法规，对空气起到了很好的保护作用。

在《清洁空气法》出台后的两年，也就是 1958 年，英国又制定了一系列针对空气污染的更加详细的法案，对各种污染气体的排放都设定了严格的标准，就连处罚条件也有详细的规定。

可以说，英国的《清洁空气法》为世界空气保护开了先河，从此以后，各个国家就像在黑暗中找到了明灯一样，纷纷开始制定保护空气的各种法案。

努力中的各国

中国

早在 1979 年，中国就出台了《环境保护法》。但是在这部法律中，保护环境的范围太大，大气的保护只占其中很小的一部分，并且内容也不够详细。

随后国家又于 1987 年制定了《大气污染防治法》。这还不够，又在 1995 年和 2000 年进行了两次修改，进一步完善了《大气污染防治法》。其中 2000 年这次，着重加强了对二氧化硫排放的控制。

后来中国又出现了比较严重的雾霾情况，法律法规当然也要与时俱进了，相关法规又相继补充进去。

美国

在空气保护方面，美国也不甘落后，于 1973 年制定了《空气洁净法案》，之后又在 1990 年进行了修订。

美国将《空气洁净法案》当作是确保居民健康，保护自然环境的重要措施，所以多年以来，美国一直重视《空气洁净法案》的修订与实施。

这项法案到如今，已经过了 40 多个年头，在这期间，它已经避免了 40 多万人因大气污染导致呼吸方面的疾病而过早逝世。

日本

20 世纪 50 年代的时候，日本发生过严重的公害问题，罪魁祸首就是污染！这些污染直接对人们发动“攻击”，一波又一波地侵害着人类的健康甚至性命，所过之处，都是人们痛苦的

哭泣声与呻吟声……这是一幅多么可怕的景象啊！当时的日本污染重灾区，四日市、水俣市、爱知县等地就是切实经历这种重污染侵害的人间炼狱。

一系列的悲剧让日本政府无法漠视，于是在1967年制定了《公害对策法》。1969年，日本政府又制定了《关于救济公害健康受害者的特别措施法》，措施中规定对因大气污染而诱发呼吸道疾病的患者进行一些补偿。

之后，日本在1973年又制定了一些其他的法律、法规，补偿范围进一步扩大，将污染对人体健康方方面面的损害都列入补偿范围内。

韩国

韩国在20世纪60年代出台了《污染防治法》，这也成为韩国环境保护的基础。

到了20世纪70年代，环境问题变得更加复杂。当《污染防治法》已经不足以应对日益严重的污染问题时，韩国终于在1990年更新了法律法规，这就是《大气环境保护法》。

2010年，韩国制定的《地毯绿色增长基本法》，明确制定了温室气体要减少30%的目标，看来韩国的决心还是很大的。

意大利

意大利的米兰在西欧曾经属于污染较严重的地区，从20世纪90

年代陆续采取治理措施以来，米兰空气中的二氧化硫、一氧化碳、苯、二氧化氮、粉尘等污染物浓度都有非常显著的下降趋势。

然而现在，车辆尾气的排放以及扬尘仍然是米兰空气污染的主要源头，也是米兰治理污染的主要对象。

为此，米兰市政府采取了严格的管控措施。

米兰是个人口密集的城市，位于意大利波河平原腹地，周围工业及农业生产活动频繁。除此之外，米兰上空的逆温层厚度达 300 米，对烟雾的消散极其不利。因此早些年，世界卫生组织就曾把米兰列为世界空气污染最严重的十大城市之一。

在米兰，约两个人就拥有一辆汽车。为控制汽车尾气排放，当地政府在市中心增设交通管控区，加收交通拥堵费，以抑制车辆的进城需求。

据统计，这项政策实施后，管控区内的车辆减少了 30%，外围地区车辆的使用量也减少了 7%，市区碳排放量也大幅下降。

另外，米兰市政府还通过每年数次的“周日无车日”活动，积极引导民众使用公共交通设施，借以培养市民“治理污染，人人有责”的意识。

尾声

陪着你们的老博士聊了这么多关于大气污染的事情，即便你只是偶尔“路过”，也会对这一问题有些大概的认识了。为了我们自己的身心健康，为了吸入的每一口空气都是新鲜的，该怎么做，大家应该都心里有数了。

加油吧，年轻人，为了我们共同的家园——地球。

谁来为室内空气保驾护航

外面的大气被污染了，逃吧！往哪里逃呢？只能是室内了。

别以为你躲到屋子里就能逃出污染的魔爪了，这里也不安全。而且，在室内用“多乘公交”和“少排放污染”之类的方法，是无法解决问题的。

要想让室内有一个良好的空气环境，就需要一些技术手段。

给空气过过滤

虽然你看不见，或者看得不是那么清楚，但是房间里的那些“坏东西”还是时刻存在的。时间久了，这些家伙就会让墙壁和天花板改变颜色，这种改变不会让颜色看起来更鲜艳、更漂亮，而是看起来很肮脏。这就是原本在室内空气中飘荡着的微小的粉尘在相互碰撞中，逐渐形成大颗粒，随后在和墙壁、天花板的碰撞中，赖在那里，就形成了看起来肮脏的污渍。

有什么方法可以避免这些家伙在房间里到处“晃荡”，还随随便便地跑到墙上，成为难看的污渍呢？

科研人员想了一个办法，通过过滤的手段，就像降妖伏魔的捉妖人那样，将这些家伙给关起来。

用什么东西来充当“收妖”的工具呢？

首先进入技术人员“法眼”的就是纤维材料。这也没什么可奇怪的，想想渔网是如何捕鱼的吧！过滤这些尘埃的纤维当然不会有渔网那么大的网眼，毕竟即便是小鱼，也比那些在室内“游荡”的尘埃要大得多嘛！

过滤这个词并不难理解，现实生活中，有很多需要过滤的东西，比如过滤咖啡、过滤茶叶等，这些都是把咖啡和咖啡渣或者茶水和茶叶渣分离开。过滤空气，当然也就是把空气中的杂质尽可能地从空气中过滤掉，让空气变得清新起来。

纤维过滤技术

这种通过过滤的手法来除掉空气中杂质的技术，最容易被理解的就是纤维过滤技术了。

这项技术要求在有效地拦截尘埃的同时，还要尽可能地对空气气流不产生过大的阻力。主要制造材料有非织造布和纸张，而且纤维排列不均匀的材料更适合担任此项“重任”。因为越是杂乱交织的纤维，就越能对空气中的粉尘形成更好的阻隔，而且纤维之间宽阔的间隙，也能更好地让气流通过。这就达到了前面的两个要求，即最大限度地阻挡粉尘的同时，最低程度地影响气流运动。

虽然还有一些材料，如细沙、开孔型泡沫材料等，也可以成为过滤空气的材料，但纤维材料还是以它的透气性好、质量轻以及加工性能好等优势，在净化室内空气这个领域里被广泛采用。

在实际应用中，充当过滤介质的纤维数量要多，每根单独的纤维要尽可能的细，这样就能更好地具备那两个条件——过滤效率高，气流阻力小。

这仅仅是对空气过滤的一个通俗的解释，我们的目的是让大家知道这种技术，如果使用细致而详尽的术语，估计大家早都晕了。

只要大家对这件事有了些许认识，也算老博士没有白说这么多。假如你通过老博士的介绍，对此产生了兴趣，并想进一步探究，那就再好不过了。

HEPA 过滤法

HEPA 是高效率空气微粒滤芯的缩写。虽然同样是过滤，但是HEPA 过滤法可谓“出身”高贵，因为它是为了核能辐射防护而生的。即便是现在，这种过滤法依旧被很多精密实验室、医药生产厂、原子研究所以及外科手术室等需要高度洁净的地方，用来过滤空气。

听名字就知道这些地方是何等重要了。外科手术室和医药生产厂都是人命关天的场所，而原子研究所和精密实验室都是顶级的科研单位，绝对容不得一丝一毫的杂质。

这个过滤法采用的有机纤维更精细，对那些微粒的捕捉能力更强大，对空气的净化效率也要高得多了。

如果用数据给你解释它强大的过滤能力，恐怕很难让你印象深刻，还是给你举个实例吧！香烟产生的微尘小吧？我们对香烟所产生的微尘是只见烟不见尘的，但这个过滤法对香烟产生的微尘的过滤效果，几乎可以达到百分之百！怎么样，厉害吧？

顺便说一句，香烟产生的细小颗粒物的大小是 0.5 到 2 微米之间。

卡克鲁亚笔记

光催化氧化法几乎对所有污染物都具有治理能力，因其是在常温下进行的，可直接利用空气中的氧气（O_2）作为氧化剂。光催化可利用低能量的紫外灯，甚至直接利用太阳光进行，所以这种清洁空气的方法很经济实惠。又因其利用紫外光控制微生物的繁殖，所以就具有了很好的杀灭细菌的功能。这种方法也因为以上优势，成了开发的热门。

炭——烧烤之外的大用途

炭这东西我们大家并不陌生，估计大家都吃过烧烤，看到过将肉串烤得吱吱作响的那个黑家伙，那就是炭。

木炭是用木头烧制的，竹炭当然就是用竹子烧制的。还有木屑以及一些坚果的果壳，比如椰子壳，也是烧制炭的原料。煤也可以烧制成煤炭。

炭的烧制就是让这些原材料经历一个高温的碳化过程。炭比原本的煤和木头轻很多,因为它们有很多孔。在没有暖气的年代里,炭是用来取暖的。经过烧制的煤炭和木炭,远比之前的煤和木头烧得缓慢,所以就可以在寒冷的冬天放在火盆里,大家围着取暖。

而今,用来洁净空气的这些炭,不仅仅经过了传统的烧制,还采用了活化处理、酸性处理以及漂洗等一系列新型工艺,让它们更好地为我们能呼吸到新鲜的空气做出贡献。

这是一种把气体中混有的杂质吸附到一个有很多孔的固体物质上,来达到将杂质从气体中分离出来的目的的方法。

这种方法现在已经在净化室内空气方面,被广泛地应用。采用的吸附剂主要是颗粒状的活性炭,或者活性炭纤维,所以这种去污技术就被叫作——活性炭净化技术。

这些炭中的佼佼者——精华炭，是由优质的果核炭，经过技术处理后制造出来的，它除了具有高效的吸附能力，还具有分解和祛除有害气体的功效。和普通的活性炭以及竹炭相比，这些精华炭具有更加长效的吸附功能和稳定性。它们不仅被应用到室内空气净化方面，还被应用到废水治理，以及饮用水净化方面。

有一点大家恐怕不知道，那就是自来水公司在净化水的过程中，是绝对离不开炭的。想不到吧，那黑乎乎的炭，竟然可以净化水质。

这种采用炭作为吸附体，对室内空气进行清洁的办法，能有效去除室内存在的甲醛、苯系物、氨、TVOC，甚至烟味、腐败味、厕所异味等。顺便说一句，这些不良气味正是毒性的表现，因为它们的挥发性让它们的本体和味道并存，所以除掉异味就是除掉了这些毒物。

TVOC是指室内空气中的挥发性有机物。这些物质在常温下，就以蒸发的形式存在于

空气中，它们或是有毒的，或是具有刺激性气味的，或是致癌的。这些挥发性有机物，会对人体造成损害，特别是对皮肤和黏膜的伤害更为明显。

你不知道的

臭氧有着极强的氧化性，这一特点也让它成了一种可以净化空气的物质。别看它的名字带个“臭”，但它的确能够去除臭味。随着臭氧技术的发展，它的应用已经形成了自己独立的产业。不过也正是因为臭氧这种过强的氧化性，一旦使用不得当，就会伤害到家具和人体，所以在应用时要格外小心。

谁来治治嚣张的尾气

汽车尾气这家伙实在是可恶。不过，就目前能源的局限性来看，完全抛弃传统燃料，当然是做不到的，何况人类的生活也离不开现代化的交通工具。

要尽可能地消灭尾气造成的污染，仅仅靠我们的自觉，还是不够的。如何能去除这家伙中的含毒物质，不让汽车再向大气排放污染物，才是人类和污染这场战争中的大战役。

尾气中那些害人的家伙

致命的一氧化碳

一氧化碳是汽车尾气中最为人所熟知的，因为一氧化碳在之前的燃煤取暖时代，就已被人熟知。

当汽车负重过大、慢速行驶，或者处于空挡运转的时候，汽车的燃料就得不到充分的燃烧，这时候排出废气中的一氧化碳含量就会明显增加。

一氧化碳是一种无色无味，却能使人窒息的有毒气体。当它进入人体的血液后，就会和血红蛋白结合，形成氮氧血红蛋白，让血红蛋白携带和运送氧的能力大大降低，从而导致人体产生不良反应，出现听力受损的状况。这还不是最严重的，如果吸入过量的一氧化碳，就会出现气短、嘴唇发紫、呼吸困难等症状，如果得不到及时救治，就会导致死亡。

在汽车尚不风靡的时代，一氧化碳中毒事件多是由燃煤取暖导致的。在汽车大量出现以后，也发生过一些人因在密闭的汽车空间中一氧化碳中毒，甚至死亡的事件。

汽车尾气产生的一氧化碳，对人产生的威胁绝大多数属于长期和慢性的。我们只是通过一些个例来讲解它的危害，让你对这家伙的毒性有个更直观的认识。

引发肺水肿的二氧化氮

氮氧化物产生于内燃机的气缸内，它的排放量取决于燃料燃烧的温度、时间和空燃比等因素。

汽车尾气排放的氮氧化物的主要成分是一氧化氮，占总量的95%，剩下的那些就是二氧化氮了。虽然二氧化氮只占了氮氧化物极小的一部分，但正是这种刺激呼吸道的棕红色气体，对人体构成了很大的威胁。

因为二氧化氮在水中的溶解度很低，不容易被上呼吸道吸收，所以这家伙一直深入到人体的下呼吸道和肺部，使人患上支气管炎和肺水肿等疾病。

当二氧化氮的浓度达到每立方米 9.4 毫克的时候，人只要在这样的空气中待上 10 分钟，就会导致呼吸系统失调。

世界卫生组织给出的结论是这样的：如果一个月中，二氧化氮浓度为每立方米 0.19 到 0.32 毫克，每天出现长达一小时的次数超过两次，就意味着公共健康无法得到保障。

尾气中所含的碳氢化合物和氮氧化物进入大气环境，受到强烈的紫外线照射后，会产生一种更为复杂的化学反应，形成一种新的污染现象，那就是臭名昭著的光化学烟雾。它对人的伤害，我们之前已经详细地介绍过了。

让人罹患癌症的多环芳烃

苯是一种无色，类似汽油味的气体，人体吸入这种气体，可以导致食欲不振、体重减轻、容易疲倦，还有头晕头痛、呕吐失眠、黏膜出血等症状。也可引起红细胞减少，并出现贫血现象，严重的还能引发白血病。

汽车尾气中的“少数派”——多环芳烃，尽管含量很低，但因其含有多种致癌物，不得不让人对它倍加警惕。

当烃类物质没有被完全燃烧的时候，就会产生醛。汽车尾气中的醛类主要以甲醛为主，占到了醛类物质的 60%~70%。这是一种刺激性的气体，可直接刺激眼睛和呼吸道，浓度高时还会引发咳嗽、胸痛、恶心、呕吐等症状。

丙烯醛也是一种辛辣刺激性的气体，直接刺激眼睛和呼吸道，并对支气管细胞造成损害。

罪行累累的铅

铅对人体的伤害，真不是一两个方面就能说清楚的。从人的神经系统到造血系统，再从消化系统到重要的肝脏和肾脏等器官，这家伙均不放过。

铅能抑制血红蛋白的合成和代谢，直接作用于成熟的红细胞。通过呼吸系统侵入人体内的铅粒，如果颗粒比较大，尚能直接吸附在呼吸道的黏膜上，在混入痰后被咳出。但是倘若铅的颗粒比较小，就会沉积在肺部组织里，最后全部被人体吸收。当它在人体中积累到一定程度时，就会对人的心脏和肺造成伤害，引发高血压，出现贫血、智力下降等症状，甚至可能导致一些人丧失生育能力。

铅一旦进入人体，一半以上都会成为人体中的“永久居民”，这些赖在身体里不走的家伙，将持续影响着人体的健康。成年人的血液中含铅量超过 0.8 毫克，就已经属于铅中毒了。

卡克鲁亚笔记

从 20 世纪 40 年代开始至今，已经有数百万吨的铅，通过汽油燃烧排放到大气中。如果使用含铅汽油，燃烧后 85%的铅将被排入到大气中，造成污染。铅污染不仅对人体造成伤害，铅氧化物还会让汽车尾气催化净化器的寿命明显缩短。也就是说，铅在毒害人类的同时，还破坏了人类用来治理污染的工具。

严重破坏昆虫的授粉能力

汽车尾气不仅造成了大气污染，使人生病，甚至丧命，对动植物的伤害同样也是巨大的。

科学家对一种飞蛾的研究表明，车辆排放的汽车尾气，导致这些小家伙出现了严重“找不着北”的现象，让它们丧失了对花朵方位的判断能力。不能抵达花朵的位置，就意味着它们无法完成授粉的“重任”。没有了昆虫对花朵的传粉，植物就丧失了繁殖能力，这可是两败俱伤呀！因为昆虫给花朵传粉并不是简单的无私奉献，还是一种觅食行为。

看到了吧，汽车尾气竟让植物和昆虫同时受到了伤害。

为什么汽车尾气会对昆虫有这样的影响呢？原来汽车尾气能对昆虫产生迷惑性，让这些昆虫灵敏的嗅觉渐渐失灵，让它们找不到花朵。

烟草蛾主要分布于加拿大到中美洲的区域，是一种大型的夜间活动的昆虫，展开双翼的时候可达到 10 厘米。它们最喜欢的花朵就是曼陀罗花。

美国有一个科学家将一种烟草蛾放进混有各种汽车尾气和曼陀罗花香味的风洞中，通过风洞测试以及计算机控制气味刺激系统的监测，来观察烟草蛾如何区分混合了汽车尾气的不同浓度的曼陀罗花的气味。结果他发现，烟草蛾那个相当于鼻子的触角，已经迷失在众多的污染气体中。而它那相当于部分脑部作用的触角神经叶，也没有办法准确处理触角感知到的气味了。

这说明这些尾气污染物不仅破坏了烟草蛾发现花朵的能力，还改变了它的大脑神经系统对花香的处理过程。

倘若昆虫都丧失了传粉的能力，那么花朵怎么办？农作物怎么办？我们赖以生存的粮食啊……

看来汽车尾气在让一些人丧失生育能力的同时，又开始对植物的"生育能力"下手了。

卡克鲁亚笔记

风洞是一个物理实验术语。在风洞里，能通过人工产生气流，并对其进行控制，用来模拟飞行器或物体周围气体的流动，是进行空气动力实验的最常用、有效的工具。现如今，全世界的风洞总量已达上千座，美国国家航天局拥有世界最大的低速风洞，足以对一架完整的飞机进行测试。

给尾气点颜色看看

针对汽车尾气导致的大气污染现象，除了像之前说的那样，不用含铅汽油、使用清洁能源、多乘公交以及严格执行国家控制燃油标准等，一些针对汽车技术方面的改造和调整，也会对汽车尾气有毒物的排放有所控制。

内部的设置和调试

从汽车内部开始进行调试，对喷油器稍做改动，就可以在达到降低发动机工作温度的同时，让氮氧化物的生产量减少。

改善喷油器的质量，可以通过控制燃烧条件，如燃比和燃烧温度，以及燃烧时间，来达到完全燃烧的目的，从而减少一氧化碳、碳氢化合物的产生。

通过调整喷油泵的供油量，也可以降低发动机的功率，让雾化的燃料有足够的氧气，并得到充分的燃烧，也能减少一氧化碳和碳氢化合物及煤烟的产生。

此外，将从气缸进入到曲轴箱内的未燃气体再循环进入进气歧管，让气体再次燃烧，以减轻直接排入大气所造成的污染。通过将发动机排气口用控制阀和进气歧管相连接，让排出的气体经过再循环后，降低氮氧化物的排放量。还可将化油器中的汽油蒸气引到进气系统，将油箱中的蒸气引入储存系统，也可以大大降低污染物的排放量。

让尾气干净起来

在不可能不用汽车，或者说还无法用干净能源取代有污染能源的时候，如何净化汽车尾气，就成了整治尾气的重要任务。

这个意思很明了，就是让原本有毒的气体变成无毒的气体后，再排放到大气中，这样可以减轻对大气环境的污染。

目前最主要的尾气净化手段，一是采用催化剂，将一氧化碳氧化成二氧化碳；二是把碳氢化合物氧化成二氧化碳和水，而氮氧化物则被还原成氮气。作为人类和植物都能呼出的气体，二氧化碳当然就没那么恐怖了。

这些可以促进有害气体转化的催化剂包括氧化锰、氧化铜、氧化铬、氧化镍等金属氧化物，还有白金等贵金属。它们都可以对一氧化碳、碳氢化合物产生净化作用。而这个能让尾气干净起来的催化反应器，就设置在排气系统中的排气歧管与消音器之间。

除了利用氧化和还原手段，将有害物转换成无害物，还可以通过水箱，给汽车尾气中的碳烟粒子“洗个澡”，将粘在这些微粒上的有毒物质去除。

整个过程听起来还真像是一次细致的“洗澡”——水洗加过滤，然后还有蒸汽淋浴。有没有给这些碳烟粒子洗桑拿的感觉呢？

你不知道的

汽车尾气催化净化技术，采用三效催化剂和真空吸附蜂窝状催化剂的定位涂覆技术，制造出汽车尾气净化器的核心组件。利用该催化剂及涂覆技术生产的净化器对汽车尾气中一氧化碳、碳氢化合物和氮氧化物的同时净化效果可大于95%。

资源丰富的生物质能

现如今，大气环境的污染已经是个无可争议的事实了。那让人伸手不见五指的雾霾，仿佛已经成了一个厚脸皮的“常客”，频繁出入人类的生活，来了就想赖着不走。人们除了无奈地戴上各种口罩，就是盼着来一场风，吹散这个不速之客。

面对空气污染，或者说面对各种环境污染，我们绝对不能坐以待毙。很多人都在积极努力地开发各种对环保有利的技术，或许这些都不足以马上让那个讨厌的雾霾彻底消失，但是如果放弃努力，我们岂不是向雾霾和污染投降了吗？也只有继续坚持和不懈努力，才能让雾霾和各种污染最终远离我们的生活。

生物质能的运用

看到这里，你是不是觉得老博士又在故弄玄虚，怎么又提起专业名词来了呢？

这也是没办法的事情，毕竟想了解科学技术，总要从这些听起来陌生的名词入手嘛！

什么是生物质

生物质其实就是指那些利用大气、水和土地等，通过光合作用而产生的各种有机体。听起来有点专业吧？说白了，就是一切有生命的可以生长的有机物质都可以通称为生物质。什么植物、动物，还有微生物，这些都是生物质。

从广义上讲，生物质包括所有的植物和微生物，以及那些以植物和微生物为食的动物，还有它们生产出的废弃物。提到废弃物，你是不是首先就想到了动物的粪便？

这么想就对了。再给你举几个例子，农作物和农作物产生的废弃物，还有木材和木材的废弃物，当然也有你刚刚想到的动物的粪便，这些都属于广义上的生物质。

说完了广义，当然就要

讲狭义了。这狭义的生物质主要指农林业生产过程中，除粮食、果实以外的秸秆、树木等木质纤维素，农产品加工业的下脚料、农林废弃物，还有畜牧业生产过程中的禽畜粪便和废弃物等物质。

狭义生物质的特点就是可再生、低污染、分布广泛。

怎么样，听起来都是些不招人待见的废物，但是从这些特点上，你有没有看出什么端倪呢？那就是可以被利用。

什么是生物质能

所谓的生物质能，就是太阳能以化学能的形式贮存在生物质中的能量形式，也就是以我们上面所说的生物质为载体的能量。这些能量直接或间接地来源于绿色植物的光合作用，可以转化为常规的固态、液态以及气态燃料。这样的能源是取之不尽，用之不竭的。

什么？你对那个“直接或间接地来源于绿色植物的光合作用”有点犯迷糊，是不是觉得那就是植物的事儿，跟动物没关系了？你难道忘了动物是吃植物的吗？其实也就是间接地和光合作用有了关系，而且是很重要的关系。

既然都和光合作用有关系，那么从广义上讲，生物质能也是太阳能的一种表现形式。

这句话是不是让你对太阳能有了更新的认识？原来是不是只觉得房顶上的太阳能板利用的才是真正的太阳能？

目前，很多国家都在积极研究、开发和利用生物质能，从上面简单的介绍，你就已经能看出来了，生物质能真的很多，而且原本还多是“废物”。如果能好好地加以利用，不仅可以增加人类可用的能源量，还能减少许多有可能成为垃圾的东西。最重要的一点是，生物质能是一种无害的能源！

据统计，地球上每年经光合作用产生的物质足有1 730亿吨，蕴含的能量相当于全世界能源消耗总量的10到20倍！多吧？然而目前的利用率却不到3%，这实在有点可惜。

生活垃圾填埋气的利用

每一个城市都会有垃圾处理场地，一些垃圾填埋场肮脏不堪，臭气熏天，特别是夏天，那铺天盖地的苍蝇让附近的居民不堪忍受。

就拿深圳来说，每天产生的垃圾足足有2万吨，这不就是一座垃圾山嘛！这么多的垃圾，如果放任不管，那么总有一天，城市会在垃圾山的包围之中，被淹没掉。

垃圾问题不是一次性就能解决的问题，处理一批，马上就会有新的产生出来。因此如何处理垃圾成了每一个城市上至领导、下至市民心里的大事。

有报道称，从1997年开始，深圳市在下坪设立占地面积为149公顷的垃圾填埋场，其总填埋库容为4 693万立方米，主要处理福田、罗湖两区的生活垃圾。目前，这里每天处理垃圾达4 000吨，截至2014年年底，这里已经累计填埋垃圾19万吨了。

这样下去，哪里有那么多地方可供垃圾来使用呢？

生活垃圾填埋场在处理垃圾的过程中，会产生沼气。沼气的主要成分是甲烷、二氧化碳、氮气、氧气，以及硫化氢和气体微生物等。其中甲烷占了大部分，其次是二氧化碳，其他气体所占比例较小。而硫化氢就是垃圾填埋场臭味的最主要根源。

听到这里，你想到什么了？

如果你一直跟着老博士，看了这些关于环保的事情，大概你已经想到了，沼气不是可以用来当燃料的嘛！

这个世界上的事情，还真是必须从正反两个角度来看。沼气放在那里不用，就是个讨厌的家伙。但是倘若把这些沼气当成资源来利用，那就是变废为宝了。

其实，深圳在早些年，就已经开始实施“城市生活垃圾填埋气体提纯及汽车用燃料项目”了，只不过面对现在的局面，原有的利用设施和规模就未免显得有些捉襟见肘了。

你可能会说，那还不赶快对原有的设施进行升级，对原来的规模进行扩大？

嘿嘿，这一点，深圳人当然也想到了。

有关人士表示，垃圾填埋制气项目的难点在于抽气和制气。以前采用竖井和水平井收集气体的方法，抽气率只有 40%至 50%，而且填埋场整体密闭不严，这也导致了垃圾填埋场臭气熏天。而将垃圾填埋场所产生的气体制取为民用天然气这一项目，将大幅度改进和提高原有技术，让填埋气的抽取率达到 90%以上。

还不止如此，新技术还能加快垃圾的分解速度，减少臭气扩散，有效地进行雨污分离，减少渗滤液的产生。

即便你不懂这些技术性的词语也不要紧，因为仅仅一个没有臭味，就已经让你神清气爽了。

据说这一项目完成后，每年将减少臭气 9 500 万立方米，而生产出的天然气可达 4 500 万立方米。

怎么样，既有了清新的空气，又有了能源，这个方法不错吧？

如果这个项目顺利完成，将是国内最大生活垃圾填埋气制取天然气的项目。

想想那些被垃圾夺走的土地，想想那些让人不堪忍受的臭气……为了保住土地，重获新鲜的空气，我们就在这里就为那些努力的人们加油吧！